10대라면 반드시 알아야 할
4차 산업혁명과 인공지능

10대라면 반드시 알아야 할
4차 산업혁명과 인공지능

초판 1쇄 인쇄 2022년 4월 21일
초판 3쇄 발행 2023년 9월 30일

지은이 신성권 서대호
그린이 손영오

펴낸이 박세현
펴낸곳 팬덤북스

기획 편집 김상희 곽병완
디자인 이새봄
마케팅 전창열
SNS 홍보 신현아

주소 (우)14557 경기도 부천시 조마루로 385번길 92 부천테크노밸리유1센터 1110호

전화 070-8821-4312 ┃ **팩스** 02-6008-4318
이메일 fandombooks@naver.com
블로그 http://blog.naver.com/fandombooks

출판등록 2009년 7월 9일(제386-251002009000081호)

ISBN 979-11-6169-203-6 03420

10대라면
반드시
알아야 할

4차
산업혁명과
인공지능

미래를 바꾸는
디지털 시대의
인공지능을 이해하는
45가지 질문들

팬덤북스

프롤로그

4차 산업혁명과 인공지능의 세계로

'4차 산업혁명'하면, 대부분의 사람들은 인간과 인공지능의 사이를 대결 구도로 그려놓고, 어두운 미래를 연상한다. 하지만 4차 산업혁명 시대가 인공지능과 함께 살아가야 하는 시대라면 인공지능을 경쟁과 시합의 대상으로 보기보다는 공생하여 더욱 탁월한 결과를 이끌어낼 수 있는 파트너로 보려는 자세가 필요하다.

인공지능과의 대국을 통해 바둑 훈련을 거듭한 이호승 기사는 이렇게 말했다.

"막상 스물여섯에 프로가 되니 암담했다. 경쟁에서 살아남기 위해 열심히 독학했지만, 모르는 것 투성이였다. 누구에게 물어볼 곳도 없었다. 그러다 본격 인공지능 세상이 열렸다. 그때부터 모든 의문을 기계가 풀어주기 시작했다. 초일류들을 만나도 그들이 인공지능보다 더 세겠느냐는 생각으로 싸운다. 이젠 하나도 무섭지 않다."

결국, 인간의 경쟁 상대는 인공지능이 아니라, 인공지능을 활용할 줄 아는 또 다른 인간이며, 앞으로는 인공지능을 능숙하게 다룰 줄 아는 변호사와 그냥 변호사, 인공지능을 능숙하게 다룰 줄 아는 예술가와 그냥 예술가가 존재할 것이다. '인공지능과의 일전을 어떻게 대비할 것인가'보다는 인공지능을 최고의 파트너로 인식하고 '인공지능을 나의 꿈에, 직업에 어떻게 적용할 것인가'에 대해 생각해야 한다. 인공지능은 기존 데이터에서 패턴을 찾아내는 능력이 뛰어나지만, 인간의 창작은 기존 지식을 숙달하는 것을 넘어 기존 패턴을 완전히 뒤집는 독창성으로 나아간다. 인공지능이라는 훌륭한 도구를 사용한다면 자신의 창조적 상상력을 발휘하는 데 있어 걸림돌이 되었던 시간, 비용, 인력 등의 제약을 극복하고 최고의 걸작품을 탄생시킬 수 있을 것이다. 수많은 비용과 시간이 필요했던 창작 활동을 개인 혼자서 할 수 있는 시대가 열리는 것이다. 인공지능의 발전은 오히려 인간에게 더욱 위대한 상상력과 창의적 능력을 요구한다.

막연하게 인간과 인공지능을 대결 구도로 상정해 놓고 미래를 염려하는 것은 우리를 엉뚱한 방향으로 이끌고 갈 가능성이 크다. 변화되는 시대에 변화하지 않으면 도태될 수밖에 없다. 스스로 먼저 배우고 변해야만 새로운 시대에 적응할 수 있다. 지나온 인류의 역사를 보라. 새로운 문물을 받아들이지 못한 민족은 결국 변화에 적응하지 못하고 하층민으로 전락하는 경우가 많지 않았던가. 이는 역사가 주는 지엄한 교훈이다.

앞으로의 시대에는 인공지능, 빅데이터를 비롯한 정보통신 기술이 전 분야에 걸쳐서 핵심 요소로 자리매김할 것이다. 의사, 판검사, 변호사, 회계사와 같은 '사'자 직업이 성공을 보장하던 시대는 이미 끝난 지 오래되었다. 이제는 4차 산업혁명과 관련된 소프트웨어를 더 잘 다루는 사람이 사회를 지배할 수 있다. 변화하는 시대에 살아남기 위해 일찍부터 많은 준비를 하길 바란다. 4차 산업혁명의 실체를 의심하는 사람들도 있지만, 속도, 규모, 복잡성의 측면에서 미루어볼 때, 4차 산업혁명은 과거 인류가 겪었던 산업혁명들과는 확연히 다르다. 세상은 이미 새로운 산업혁명 시대에 들어섰지만, 우리는 아직 이 새로운 혁명의 다면성과 깊이를 완벽히 이해하진 못하고 있다.

그런 관점에서 이 책은 인공지능, 빅데이터, 사물 인터넷, 3D 프린팅, 블록체인, 자율 주행차, 드론 등 4차 산업혁명을 대표하는 핵심 기술에 대한 지식과 더불어, 미래사회에 대비하기 위해 무엇에 집중해야 하는지를 객관적으로 전달하기 위해 노력했다.

이 책이 많은 십대 학생들은 물론, 일반 독자들에게도 정보통신 기술의 개념에 대한 부담 없는 접근과 이해를 가능케 하고, 올바른 미래관을 세우는 데 조금이나마 도움이 되기를 바란다.

신성권, 서대호

목차

에필로그 미래를 위한 한 걸음, AI 빅데이터 관련 자격증 준비하기

Chapter
1

당신이 맞이할 미래,
4차 산업혁명

1

산업혁명은
어떤 단계를
거쳤는가?

증기기관이 과학에 빚진 것보다, 과학이 증기기관에 빚진 것이 더 많다.

- 로렌스 헨더슨

소위 4차 산업혁명의 시대이다. 뉴스를 보거나 신문을 보면 4차 산업혁명 관련 키워드가 주를 이루고 있다. 학원이나 학교마다 4차 산업혁명 관련 교육 커리큘럼이 생겨나고 있고 심지어 정치인들의 대선 공약도 4차 산업혁명과 관련한 공약이 주를 이루고 있다. 정부에서도, 기업에서도, 학교에서도, 언론에서도 다들 4차 산업혁명이 어떻다 하는데, 대체 4차 산업혁명이 무엇이길래 이리도 호들갑일까?

우선 우리는 4차 산업혁명 이전의 산업혁명에 대해 이해할 필요가 있다. 1차, 2차, 3차 산업혁명이 없었다면 4차 산업혁명도 없을 터, 기존의 산업혁명에 대한 이해가 선행된다면 4차 산업혁명에 대한 보다 매끄러운 이해가 가능할 것이다. 지금부터 1차에서 4차까지 각 산업혁명은 어떠한 특징을 가지고 있는지, 그리고 인류의 삶에 어떠한 변화를 이끌어냈는지에 대해 간단히 살펴보고자 한다.

인류의 삶은 거듭되는 산업혁명에 의해 크게 변화되어 왔다. 18세기 영국에서 시작된 1차 산업혁명은 농사 또는 수공업 중심의 시대에서 공장을 세우고 제품을 대량생산하는 시대로 접어들었음을 의미한다. 1차 산업혁명은 기계문명의 등장_{대량생산의 토대 마련}이 핵심이다. 당시의 영국은 면직물에 대한 수요가 급증한 상황이었고, 이에 발맞춰 부족한 노동력을 극복하고 대량생산을 해낼 방안에 대해 고민을 하기 시작하였다. 그 결과로 수많은 기계가 탄생했고, 인류의 생활을 혁신적으로 바꿔놓기 시작했다.

그 중의 꽃은 바로 증기기관의 탄생이다. 증기기관은 물을 끓이면 발생하는 '증기'로 압력차_{용기 속의 압력이 용기 바깥의 공기 압력보다 높아짐}를 발생시키고, 이렇게 생긴 압력차를 이용해 물체를 움직이는 원리를 가지고 있다.

사실 증기기관의 조상으로는 고대 그리스 과학자 헤론_{Heron, AD 10~70}이 발명한 '아에올리스의 공_{Aeolipile}'이 거론된다. 이 증기기구는 물그릇에 있는 물을 끓이면 파이프를 타고 올라가 분출되는 증기에 의해 회전하는 구형 장치가 동력 에너지를 내는 원리였다. 하지만 인류 최초의 증기기관으로 기록된 이것은 충분한 운동 에너지를 발산하지 못했기 때문에, 사실상 장난감에 가까

헤론이 아에올리스의 공을 실험하는 작업

왔다.

지금의 증기기관은 18세기 토마스 뉴커먼Thmas Newcomen이 발명하고 제임스 와트James Watt가 개선한 것이다. 특히 제임스 와트의 증기기관은 직접 손을 사용하지 않고 도구가 자동으로 일을 하는 인류의 오랜 꿈을 실현시켜주었다. 증기기관 기반의 기계화 혁명은 사람들의 노동방식을 바꾸어 놓았다. 증기기관에 여러 대의 기계를 연결해 한 곳에서 물건을 만드는 공장식 생산방식이 일반

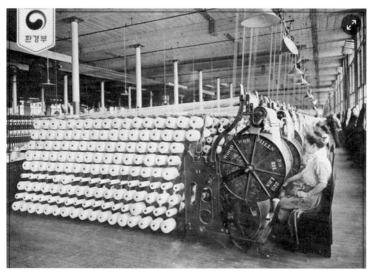

1차 산업혁명을 이끈 영국의 방직공장(출처 : 환경부)

화된 것이다. 이젠 대량의 물건을 낮은 비용으로 제조할 수 있게 되었고 사람들은 싼값에 더 많은 물건을 소비할 수 있게 되었다.

2차 산업혁명은 전기 문명의 본격적인 등장을 의미한다. 전기는 공장의 자동화를 불러왔다. 공장에 전력이 보급되면서 컨베이어 벨트를 이용한 대량생산이 가능해졌고 이는 기존보다 더욱 획기적인 변화를 이끌어내었다. 제조 및 가공 분야에서 상당한 발전이 있었고 전기 장치를 이용한 전화기와 라디오, 영화가 만들어지는 등 인류의 삶의 질이 다시 한 번 크게 변화하는 시기였다. 2차 산업혁명을 거치면서 전기 네트워크는 인류 생활 문명의 표준으로 자리매김하였다.

물론 2차 산업혁명을 단순한 전기혁명만으로 설명하고 끝낼 순 없다. 석유와 함께 자동차 산업에 큰 발전이 있었기 때문이다. 미국의 자동차 회사 포드의 창설자인 헨리 포드는 도축장의 효율적 작업 방식에서 영감을 얻어 자동차 제조에 컨베이어 벨트 시스템을 도입했다. 포드사는 1908년 '모델 T카'라는 자동차를 출시했는데, 당시 자동차의 가격이 3,000달러에 달하던 것에 비해 '모델 T카'의 가격은 800달러 수준으로 자동차의 대중화에 막대한 기여를 하였다.

물론 이러한 획기적인 가격 절감 이면에는 포드주의 생산 모델이 있었다. 포드주의 생산모델은 부품의 표준화, 노동의 표준화, 컨베이어 벨트를 이용한 이동식 생산 공정의 도입을 특징으로 한다. 노동자들은 표준화된 작업환경에서 근무했고, 생산성이 대폭 증가했으며 고임금을 보장받았다. 이로써 노동자들에게 부자들만의 전유물로 여겨졌던 자동차를 소유할 수 있는 여건이 마련된 것이다. 이처럼 컨베이어 벨트를 이용한 대량생산으로 획일화된 제품을 소비하면서 물질적 풍요를 누리는 계층이 등장하게 되고 이들이 사회의 대다수를 차지하게 되었다. 여기서 이들을 지칭하는 '대중Mass'이라는 개념이 생겨났다. 우리가 지금 다양한 공산품을 구매해 물질적 풍요를 누리고 있는 것도 모두 2차 산업혁명의 결과물이라고 할 수 있다.

2차 산업혁명의 상징인 자동차 제작

    3차 산업혁명은 인터넷 문명의 등장을 의미한다. 컴퓨터의 대중화와 인터넷의 보급이 핵심이다. 3차 산업혁명에 대한 논의가 본격화된 것은 제러미 리프킨Jeremy Rifkin이 《3차 산업혁명》을 출간한 2011년부터다. 리프킨은 이 책에서 3차 산업혁명을 인터넷으로 인한 정보혁명, 재생 에너지와 공유경제의 키워드로 정의한다. 이 시기에 우리는 인터넷을 통해 정보를 생산하고 공유할 수 있게 되었으며 우리가 살아온 세상이 인터넷이라는 가상공간 속에서 펼쳐지기 시작했다.

    그리고 인류는 이 3차 산업혁명 덕분에 마침내 4차 산업혁명을 맞이했다. 4차 산업혁명이라는 개념은 사실, 독일의 경제학자 클라우스 슈밥Klaus Schwab이 2016년 세계경제포럼에서 사용한 표현이다. 세계경제포럼은 세계 경제를 책임지는 각국의 대통령, 수상, 기업인, 학자들이 미래의 경제를 논하는 자리로 여기서 사용된 4차 산업혁명이라는 표현이 전 세계로 퍼져나가기 시작해 오늘날의 개념처럼 굳어지게 된 것이다.

1차 산업혁명	2차 산업혁명	3차 산업혁명	4차 산업혁명
증기기관 기반의 기계화	전기에너지 기반의 대량생산	컴퓨터 기반의 정보화 및 자동화 생산 시스템	인공지능, 로봇, 생명과학 등이 정보통신 기술과 융합

2

4차 산업혁명이란
대체 무엇인가?

4차 산업혁명은 3차 산업혁명을 기반으로 각 산업과 학문의 경계를 융합하는 기술혁명이다. 4차 산업혁명은 21세기, 현시대의 혁명이며 인공지능, 사물 인터넷, 빅데이터 등 첨단 정보통신 기술이 경제·사회 전반에 융합되어 일상에서 혁신적인 변화가 나타나는 혁명이다. 물론, 이러한 추상적인 정의가 쉽게 이해되진 않을 것이다. 이럴 땐, 4차 산업혁명이 바로 이전의 산업혁명과 무엇이 다른지를 비교해보는 것이 큰 도움이 된다.

3차 산업혁명으로 노동자는 컴퓨터와 인터넷을 사용하는 사무직 종사자와 육체를 주로 사용하는 생산직 종사자로 나뉘게 되었지만 이점이 바로 3차 산업혁명의 한계라고도 할 수 있다. 컴퓨터와 인터넷을 사용하여 노동력을 제공하는 사무직 종사자들이 제법 흔해졌지만, 여전히 생산직 노동자들은 2차 산업혁명의 잔재물인 컨베이어 벨트 시스템에서 벗어나지 못하고 있기 때문이다. 이들은 아직도 인터넷과 상당히 분리된 환경에서 기업에 노동력을 제공하고 있다.

그러나 4차 산업혁명 시대에는 공장에 ICT기술이 접목되면서 생산성이 비약적으로 상승하고 불량률 또한 획기적으로 줄어들게 된다. 즉, 생산 공정에 컴퓨터가 투입되어 공장의 모든 기계가 소프트웨어로 연결되는 것이다. 소품종을 대량생산하는 자동화 공장이 다품종을 유연 생산하는 스마트 공장으로 변모하고 있다.

제조업체가 전통적인 틀에서 벗어나 ICT 기업화되고 있다는 점에도 주목할 필요가 있다. 3차 산업혁명 시대에는 ICT정보통신기술 산업과 비ICT산업제조업이 뚜렷하게 구분됐지만, 4차 산업혁명 시대에는 제조업에 ICT기술이 융합되는 현상이 나타난다. 예를 들어, 현대 자동차는 대표적인 국내 자동차 제조기업 중 하나였지만, 이제는 단순한 제조업체라고 볼 수 없다.

정의선 현대자동차 부회장, 2018년 CES(국제소비자가전전시회)에서

현대자동차는 인공지능 커넥티드카를 만들고 보급하는 것에 심혈을 기울이고 있다. 커넥티드카는 자동차와 정보통신기술ICT을 결합해 양방향 인터넷 모바일 서비스를 가능하게 한 차량을 말한다. 그 자체로 거대한 사물 인터넷으로 불리는 자동차로, 다른 차량이나 교통 및 통신 인프라, 보행자 단말 등과 실시간으로 통신하며, 운전자의 편의를 돕고 인터넷의 다양한 서비스를 지원한다. 이제 현대자동차에서는 음성인식전문가, 사물 인터넷 전문가, 인공지능 전문가 등 기존 제조업체에서는 볼 수 없었던 인력들을 채용하고 있다.

한국의 대표적인 제조업체인 삼성전자나 LG전자도 상황은 마찬가지다. 이 기업들 역시 2018년 CES국제소비자가전전시회에서 가전제품의 우수성보다는 인공지능 플랫폼 빅스비Bixby와 인공지능 브랜드 싱큐ThinQ를 홍보하는 것에 더욱 열을 올렸다. 이렇듯, 제조업체가 전통적인 틀에서 벗어나 ICT 기업화되는 것, 공장이 지능화되는 것스마트 공장, 이것이 4차 산업혁명의 본질이라고 말할 수 있다. '인공지능, 사물 인터넷, 빅데이터 등 첨단 정보통신기술이 경제, 사회 전반에 융합되어 일상에서 혁신적인 변화가 일어난다.'라는 추상적 정의가 이제 좀 더 명확하게 다가올 것이다. 생산영역에 ICT를 결합하지 못하는 제조업체는 경쟁력을 잃고 점차 사라지게 될 것이다.

3

4차 산업혁명은
과연 실체가 있는가?

4차 산업혁명이라는 개념은 그 이전의 산업혁명들의 개념보다 모호하다고 볼 수 있다. 혁명이라는 개념은 기존의 것을 없앤다는 의미를 가지고 있다. 혁명이라고 한다면 새로운 산업의 등장이 기존의 산업을 뒤엎고 파괴해야 하는 것임에 반해, 오히려 등장한 새로운 기술과 산업이 기존의 것과 융합되는 현상이 나타나고 있어, 'the Fourth Industrial Revolution'이라는 표현 대신 'Industry 4.0'이라는 표현을 사용하기도 한다. 좀 더 극단적으로는 4차 산업혁명을 3차 산업혁명의 연장선상에서 해석해야 한다거나 실체가 없다고 주장하는 학자들도 있다. 하지만 새로운 산업혁명4차 산업혁명은 속도, 범위와 깊이, 시스템 충격의 측면에서 미루어볼 때, 분명 이전의 혁명들과 확연한 차이가 있다.[*]

속도Velocity의 측면에서 1~3차 산업혁명과는 달리, 4차 산업혁명은 선형적 속도가 아닌 기하급수적인 속도로 전개 중이다. 모든 것이 과거에 비해 훨씬 빠른 속도로 일어나고 있다. 이는 우리

---

[*] 클라우스 슈밥 지음, 송경진 옮김(2016), 《클라우스 슈밥의 제4차 산업혁명》, 새로운현재

가 살고 있는 세계가 다면적이고 서로 깊게 연계되어 있으며, 신기술이 그보다 더 새롭고 뛰어난 역량을 갖춘 기술을 만들어냄으로써 생긴 결과다. 범위와 깊이Breath and Depth 측면에서 4차 산업혁명은 디지털 혁명을 기반으로 다양한 과학기술을 융합해 개개인뿐 아니라 경제, 기업, 사회를 유례없는 패러다임 전환으로 유도한다. 이처럼 수많은 분야에서 근본적 변화가 동시다발적으로 발생하고 있다. 시스템 충격System Impact의 측면에서 4차 산업혁명은 국가 간, 기업 간, 산업 간 그리고 사회 전체 시스템의 변화를 수반한다.

4차 산업혁명은 선언적인 표현에 불과할 뿐 현재의 기술혁명을 3차 산업혁명의 개념에서 해석해야 한다고또는 해석할 수 있다고 주장하는 학자들도 있지만, 혁명은 모든 것이 완료된 이후 기나긴 사회적 논의를 거친 후에야 정의될 수 있는 것이다. 1차 산업혁명이라는 개념 역시 제임스 와트가 증기기관에 관한 특허를 받은 1769년에서 한참이 지난 1880년대에 와서야 영국의 경제학자 토인비에 의해 일반화되었다. 2차 산업혁명이라는 개념도 1900년대 초반이 아닌 1960년대에 이르러서야 대중적으로 받아들여지는 개념이 되었다. 해당 시대의 혁명이 동시대인에 의해 정의되는 경우는 거의 없었다. 현재 실체를 의심받고 있는 제4차 산업혁명도 마찬가지일 것이다.

4

4차 산업혁명 시대, 무슨 일이 일어날까?

4차 산업혁명 시대에는 인공지능, 빅데이터, 사물 인터넷, 클라우드 컴퓨팅, 자율주행 자동차 기술 등 첨단 정보통신 기술이 경제, 사회 전반에 융합되어 혁신적인 변화가 나타난다고 하는데, 과연 그 혁신적 변화라는 것이 우리에게 어떠한 모습으로 다가올까? 우리가 맞이할 미래는 '초생산', '초지능', '초연결', '초융합', '공유경제의 활성화'라는 5가지 키워드를 중심으로 설명할 수 있다.

초생산

자동화 공장은 대량생산에 초점이 맞춰져 있다. 일정 시간 안에 동일한 형태의 제품들을 최대한 대량으로 생산해서 소비자에게 판매하는 형태다. 현재까지의 제조업 대부분이 이 유형에 해당한다. 반면, 지능화된 스마트 공장은 공장 내에서 이뤄지는 전체 공정이 유기적으로 연결되어 총체적 관점에서 최적화를 달성할 수 있다. 생산 공정에 있는 모든 기계가 사물 인터넷으로 연결되어 센서를 통해 수집된 정보를 공유하고, 인공지능은 정보를 분석해서 어떤 곳에 어떤 자원을 투입해야 최적의 생산성을 만들어낼 수 있는지를 파악한다. 각각의 공정이 데이터를 실시간으로 주고받고 인공지능이 판단하여 총체적으로 운영되기 때문에 생산성이 대폭 향상됨은 물론 소비자의 다양한 니즈를 제품 생산에 반영할 수 있게 된다. 다품종 유연 생산이 가능해지는 것이다.

제조업뿐만 아니라 법률, 의료, 교육과 같은 전문 서비스의 생산성 한계도 크게 개선될 것으로 보인다. 인공지능은 데이터를 활용하여 추정하고 분류하는 작업에 능하며 데이터 처리 속도가 빠르다. 환자의 상태가 위독한 상태에서 인간 의사가 어떤 수술을 해야 할지를 추정하는 데 일주일 이상이 소모되어야 한다면 수술 시점을 놓쳐버릴 수 있다. 하지만 인공지능은 대량의 데이터를 활용해 추정하는 작업에 능통하므로 인간보다 훨씬 바른 결론을 도출해낼 수 있다. 인공지능의 도입으로 문진과 진단, 그리고 치료 계획을 세우는 일에 있어 비용과 시간이 크게 줄어들게 된다. 의료 분야와 마찬가지로 인공지능 변호사와 인공지능 교사가 법률, 교육 분야에도 진출하여 부족한 전문 서비스의 생산성을 크게 개선할 것으로 보인다. 초생산사회에서는 고비용의 전문 서비스도 저비용으로 신속하게 제공 받을 수 있게 된다.

초지능

2016년 세계인을 TV 앞으로 모이게 한 사상 최초의 대결이 펼쳐졌다. 바로 바둑 천재 이세돌 9단과 구글의 AI알파고와의 바둑 대국이 그것이다. 인간 천재와 인공지능의 대결, 과연 승자는 어느 쪽이었을까? 세계인들의 관심이 주목되는 가운데 최종 스코어 4:1로 알파고의 승리로 끝이 났다. 이 사건을 계기로 인공지능을 활용한 여러 사업이 본격적으로 발표되기 시작했고, 자율주행 차량, 사람이 할 수 없는 연산 등, 인공지능의 활용도는 더욱 확대되고 있다. 인공지능은 4차 산업혁명의 핵심 기술로 행정, 교육, 생산, 서비스 등 사회 전반의 모든 분야가 지능화될 것이다.

초연결

무선 통신의 기술이 사람과 사람을 이어주는 연결을 넘어 사물과 사람을 이어주는 사물 인터넷 수준에 이르게 된다. 사물 인터넷이란 사람, 사물, 서비스가 인터넷을 통해 서로 연결되어 정보가 생성, 수집, 공유, 활용되는 사물 공간 연결망을 의미한다. 쉽게 말해, 유무선 네트워크 환경을 기반으로 사물들이 지능적으로 연결되어 새로운 서비스 가치를 창조하는 것이다. 사물 인터넷은 이미 우리 생활 속 곳곳에 자리 잡고 있다.

현재 스마트폰을 통해 집안의 기기들을 통제할 수 있으며, 가까운 미래에는 사람의 개입 없이 자동차 스스로 경로를 탐색하고 목적지에 도착하는 자율주행차가 등장한다. 우리는 자율주행차 안에서 이동 중에 업무를 보거나 여가생활을 즐길 수 있을 것이다. 또한 최첨단 스마트 디바이스들이 연결되고 업무 또는 사람 간 소통이 더욱 편리해질 것으로 기대되며, 원격교육, 재택근무, 원격진료 등의 일상화로 공간 제약이 완화될 것이다.

초융합

'연결'과 '융합'이야말로 4차 산업혁명의 핵심적인 키워드다. 4차 산업혁명 시대는 가상세계와 현실세계의 경계가 희미해져 물리적·생물학적·디지털적 공간의 경계가 희석되는 기술 융합의 시대다. 전문가들은 정보통신 기술의 발달로 각 분야의 과학기술이 융합되어 또 다른 기술로 변모하고 개인뿐 아니라 기업, 경제, 사회에 혁신적인 변화를 몰고 올 것이라 전망한다.

예를 들어, 완전히 몰입된 경험을 제공하는 가상현실·증강현실 기술과의 융합, 사람과 협업하는 인공지능 로봇인 코봇Cobot과의 융합, 각종 재료의 융합을 통한 제조업 혁신, 사물과 사물뿐만 아니라 사물과 사람까지 연결하여 새로운 비즈니스 모델을 창출하는 사물 인터넷, 환자 단백질 배양 기술의 융합을 통한 환자 맞춤형 인체 장기의 제작 및 이식, 디지털Digital과 아날로그Analog가 결합된 디지로그Digilog에 해당하는 3D 프린터, 제조업체가 ICT 기업화되는 현상 등 새로운 산업적 가치를 창출하는 이 모든 것을 '초융합'이라는 개념을 통해 설명할 수 있다.

공유경제의 활성화

스마트폰, 빅데이터의 발전으로 '소유'라는 개념이 중심이 되었던 기존 사회경제의 기본 질서가 점차 '접속'과 '공유'라는 개념으로 대체되고 있다. 인공지능과 로봇은 인간의 노동력을 대신하여 사회 각 분야에서 초생산을 이끌어내고, 인간은 이제 문화적 삶을 영위할 수 있게 될 것이다. 굳이 물건을 소유하지 않아도 필요할 때 언제나 편리하게 빌려서 사용할 수 있게 된다. 사회는 점차 물질의 소유를 떠나 공유경제로 진화하고 있다.

공유경제란 물품을 소유의 개념이 아닌 서로 대여해주고 차용해 쓰는 개념으로 인식하여 경제활동을 하는 것을 말한다. 물질적 혁명 시대의 공유경제는 매우 제한적일 수밖에 없었으나, 정보사회에서는 한계비용재화나 서비스 한 단위를 추가로 생산할 때 필요한 총비용의 증가분이 거의 제로화된다. 반복되는 요소를 공유함으로써 사회적 효

율과 혁신을 촉발하는 공유경제 플랫폼은 앞으로 미래사회의 중
심이 될 것으로 전망이 된다.

일론 머스크와 테슬라 자동차

공유경제의 대표적인 사례로 들 수 있는 것은 자율주행차다.
본격적인 자율주행의 시대가 도래하면 사람들은 차를 소유하지
않고도 적은 비용으로 차를 공유하며 자신이 원하는 목적지까지
도달할 수 있게 된다. 지금은 직장에 출퇴근하는 모든 사람들이
각자 차를 한 대씩 소유하는 형국이지만, 머지않은 미래에는 수

많은 사람들이 자율주행차를 공유하는 형태를 띠게 될 것이다. 환경오염 문제와 교통체증 문제가 상당 부분 해소될 것으로 보인다.

5

4차 산업혁명의
핵심은
인공지능과 빅데이터다

4차 산업혁명이란 정보통신 기술의 융합으로 이루어지는 차세대 산업혁명이라 말할 수 있다. 18세기 초 증기기관의 개발로 이루어진 1차 산업혁명, 19세기 말 철강, 석유, 전기의 발달로 이루어진 2차 산업혁명, 20세기 말 개인용 컴퓨터, 인터넷의 발달로 이루어진 3차 산업혁명. 그 이후 빅데이터 분석, 인공지능, 로봇공학, 사물 인터넷, 무인 운송수단무인 항공기, 무인 자동차, 3차원 인쇄, 나노 기술과 같은 7대 분야의 혁신으로 이루어진 4차 산업혁명 시대를 맞이하는 것이다.*

이처럼 방대한 4차 산업혁명의 개념을 하나로 압축하면 과연 무엇일까? 단언컨대 인공지능과 빅데이터라고 할 수 있다. 4차 산업혁명에서 발생하는 모든 기술적 진보는 인공지능, 빅데이터와 밀접한 관계를 맺고 있다. 즉 로봇공학, 사물 인터넷, 무인 운송, 3차원 인쇄, 나노 기술 모두 빅데이터, 인공지능을 필수 요소

---

* 'The Fourth Industrial Revolution: what it means, how to respond'. 《World Economic Forum》(2016)

로 한다. 각 분야가 빅데이터, 인공지능과 어떻게 관련이 있는지 하나씩 살펴보자.

먼저 빅데이터와 인공지능 간의 관계를 살펴보자. 인공지능과 빅데이터의 관계는 자동차와 휘발유의 관계와도 같다. 인공지능은 학습할 데이터가 있어야만 더욱 정교한 모델을 형성하고 인간의 일을 대신할 수 있기 때문이다. 인공지능의 핵심은 사람이 했던 의사결정 및 판단을 인공지능 모델이 정확하고 빠르게 자동으로 하는 것이다. 인공지능 모델은 주로 딥러닝을 활용해서 만들어지는데 이때 딥러닝의 가장 핵심이 되는 것이 빅데이터이다. 딥러닝은 빅데이터 안의 패턴을 자동으로 학습하여 패턴을 찾아내고 새로운 데이터가 출현했을 때 과거 학습한 패턴에 기반하여 정확한 판단을 출력한다.

따라서 데이터가 많은 빅데이터일수록 훨씬 더 정확한 모델을 갖출 가능성을 지닌다. 빅데이터일수록 그 안에 세상의 패턴 또는 정보가 많이 담겨 있기 때문이다. 이는 마치 전문가가 공부를 많이 하는 것과 유사하다. 한 분야의 전문가가 되려면 공부를 많이 해야 하는데 공부를 많이 할수록 해당 분야에 대해 박식해진다. 즉 공부량과 전문성이 어느 정도 비례하기 마련이다.

예를 들어, 의사가 되려면 의대 6년을 다니면서 엄청나게 많은 의학적 지식을 학습해야 한다. 그 많은 공부량을 다 소화한 이후에 비로소 의사라는 전문가가 되는 것이다. 마찬가지로 인공지능에서는 공부량이 데이터의 양이라고 말할 수 있다. 데이터를 많이 학습할수록 인공지능 모델이 더 정교해지기 마련이다. 단, 데이터가 쓰레기 데이터인 경우 인공지능 모델도 쓰레기로 나온다. 'garbage in, garbage out'인 셈이다. 품질 좋은 양질의 빅데이터를 학습한 경우에만 훌륭한 인공지능 모델을 생성할 수 있다.

과거에는 컴퓨팅 성능이 떨어졌기에 인공지능 모델이 빅데이터를 학습하기 위한 여건이 마련되지 않았다. 최근에 많이 쓰이는 인공신경망의 개념이 이미 논문으로는 1970년대에 나왔지만 이를 실현할 수가 없었다. 그래서 1970~80년대에는 소위 말하는 '인공지능의 겨울'이 닥쳤었다. 인공지능 분야에 관한 연구, 투자, 자금 지원이 완전히 끊어져 아무도 인공지능을 개발 및 연구하지 않았었다. 그래서 많은 연구자와 교수 들이 인공지능 연구를 포기하였다. 인공지능의 선구자인 제프리 힌튼 교수조차 이때 자국인 미국에서 연구비 펀딩을 지원받지 못하여 연구를 포기할 뻔하다가 그나마 겨우 연구비를 지원해준 캐나다로 이민을 갔었다.

하지만 최근에는 메모리 및 GPU 장비 등의 발달로 훨씬 손쉽게 빅데이터를 학습할 수 있게 되었다. 특히 GPU는 딥러닝 학습에 비약적인 성장을 도왔다. GPU의 핵심은 다수의 코어가 병렬 처리를 하는 데에 있다. CPU는 4개 정도의 커다란 코어를 넣었지만 GPU는 작은 코어를 몇백 개씩 넣고 작동한다. 시간당 계산량은 GPU가 CPU 대비 약 10배 이상 많다.

엄청난 컴퓨팅 파워로 인해 이론적으로만 가능했던 인공지능이 실전에 쓰이기 시작했고 다시 세계적으로 인공지능 붐이 일어나고 있다. 특히 2012년 컴퓨터 알고리즘으로 이미지 인식을 겨루는 이미지 분류 대회ILSVRC에서 CNN 기반 딥러닝 알고리즘이 획기적으로 오차율을 줄이면서 큰 주목을 받았다. 그 이후 딥러닝 기반 알고리즘은 매년 발전해 2015년 대회에서는 사람의 능력을 뛰어넘었다.

6

빅데이터와 인공지능은
왜 4차 산업혁명의
핵심이 되는가?

빅데이터와 인공지능은 4차 산업혁명의 다른 구성 요소들과도 밀접하게 관련이 있다. 로봇은 언제나 인공지능, 빅데이터와 함께 움직인다. 로봇은 감지-계획-행동 세 단계를 반복적으로 수행하면서 실행되는 구조체이다. 감지 단계에서는 범위, 위치, 시각, 촉각 센서에서 들어오는 빅데이터를 수집하고 계획 단계에서는 수집된 빅데이터를 활용하여 원하는 목적과 책임을 정한다. 특히 이 계획 단계에서는 딥러닝 분석 방법론이 주로 사용된다.

사물 인터넷은 사물 간의 센싱, 네트워킹, 정보처리 등을 인간의 개입 없이 상호협력하여 지능적인 서비스를 제공해주는 연결망이다. 우선 센서를 통해 온도, 습도, 조도, 열, 연기, 풍량, 풍향, 초음파, GPS, 영상 등을 수집하여 주변 환경의 물리적인 정보를 수집한다. 최근에 나오는 지능형 센서들은 단순히 원시 데이터raw data를 추출하는 기존의 센서 역할을 벗어나 원시 데이터를 가공한 고차원적인 정보까지 수집한다.

그 후, Wi-Fi, 블루투스, LTE 등과 같은 네트워크 기술을 통해 사물 간 데이터를 송수신한다. 물론 사물과 기기들이 단순히 네트워크를 통해 데이터를 송수신한다고 해서 가치가 창출되는 것은 아니다. 사물들로부터 얻은 데이터들을 분석하고, 분석한 정보를 통해 사용자에게 가치를 주어야 한다. 이 과정에서 당연히 인공지능 기술이 필요하다.

드론 또는 자율주행차와 같은 무인 운송수단도 빅데이터와 밀접한 관계를 지닌다. 기존 사물 인터넷 센서들은 위치가 고정된 형태로 있는 것에 반해, 드론은 필요한 시점에 위치를 옮겨가며 다양한 데이터를 수집할 수 있다. 드론이 공중에서 획득하는 데이터는 인간의 시각을 뛰어넘는 방대한 스펙트럼의 빅데이터이다. 따라서 기존에 수집하기 어려웠던 형태의 데이터를 수집하여 이를 빅데이터 분석 또는 인공지능 학습을 위한 데이터로 활용할 수 있다. 또한 드론 안에 인공지능 모델을 탑재하여 드론이 데이터를 수집하는 그 순간 실시간으로 인공지능 판단을 하며 용역을 수행할 수도 있다.

자율주행차의 경우 엄청나게 많은 센서가 사용되고 있다. 카메라, 라이다, 레이더를 비롯하여 300여 개의 센서가 활용된다. 따라서 초당 1GB 이상의 데이터가 발생하는데, 이렇게 거대한 데이터를 실시간으로 처리 및 분석하는 인공지능 기술이 반드시 필요하다. 특히 자율주행차의 경우 순식간에 수집되는 데이터들을 즉각적으로 처리 및 분석해서 행동을 결정해야 하기에 실시간 인공지능 분석 기술이 매우 중요하다.

빅데이터 중심으로 이뤄지는 4차 산업혁명

　　3차원 인쇄3D 프린팅도 빅데이터와 결합될 수 있다. 3차원 인쇄 기술의 핵심이 고객의 원하는 맞춤형 디자인 제품을 만드는 것인데 인공지능, 빅데이터 분석 역시 다양한 데이터 속 패턴을 찾아 고객 맞춤형 서비스를 제공하기 위한 방편으로 활용될 수 있기 때문이다.

　　나노 기술은 10억 분의 1미터인 나노미터 단위에 근접한 원자 정도의 매우 작은 크기에서 물질을 합성, 조립, 제어하는 기술을 말한다. 나노 기술의 발달로 초미세 단위의 물질에 대한 접근이 가능해지면서 여기서 파생되는 데이터도 수집이 가능해졌다. 이러한 데이터들은 기존에 얻지 못했던 데이터이기 때문에 빅데이터 분석 및 인공지능 모델에 사용되면 그전에 보지 못했던 인사이트를 얻어내는 데 효과적이다.

최근 가상자산의 인기와 함께 대두되는 블록체인도 인공지능, 빅데이터와 밀접한 관계가 있다. 블록체인의 가장 큰 장점을 뽑자면 보안성이다. 기계가 학습하는 과정에서 개인의 의료정보 같이 민감하고 개인적인 정보를 안전하게 블록체인에 저장할 수 있다. 또한 인공지능의 의사결정을 투명하게 기록하게 하여 인간이 인공지능의 결정을 추적하고 이해하는 데 도움을 줄 수 있다.

인공지능이 학습을 하면서 내리는 평가와 의사결정 모두를 블록체인에서 타임 스탬프나 해시를 이용해서 포인트별로 기록하면 인간이 인공지능의 학습 과정을 감독하고 옳은 결정을 내렸는지에 대한 판단을 쉽게 할 수 있다. 빅데이터의 신뢰성도 보증할 수 있다. 인공지능 학습의 핵심인 데이터 자체가 누군가에 의해서 위조되거나 변조될 수 있지만 블록체인에 데이터를 기록해둔다면 함부로 데이터를 위변조할 수 없게 된다. 1바이트의 변조라도 모두 블록에 기록이 되기 때문이다.

마지막으로 블록체인을 활용해 데이터의 거래도 활성화시킬 수 있다. 데이터가 곧 뛰어난 인공지능 모델의 핵심이기에 데이터에 대한 수요가 그 어느 때보다 높지만 데이터를 안전하게, 신뢰성 있게 거래할 수 있는 플랫폼 자체가 없으므로 데이터난이 심하다. 공공 데이터 몇몇 개를 개방하는 정도로는 이용자들의 수요를 감당할 수 없다. 하지만 블록체인 기반 데이터 거래가 활성화된다면, 데이터 수요난도 해결될 것이고 데이터를 거래하면서 얻을 수 있는 보상으로 인해 데이터 공급도 대폭 증가할 것이다.

이렇듯 인공지능, 빅데이터는 4차 산업혁명의 각 요소들과 매우 밀접하게 관련되어 있다. 다가오는 4차 산업혁명 시대에 무엇을 공부해야 할지 고민할 필요가 없다. 당신이 어떠한 전공을 선택하든, 어떠한 직업을 선택하든 인공지능과 빅데이터에 대한 지식으로 무장해 있다면 해당 분야에서 막강한 경쟁력을 가지게 될 것이다.

7

4차 산업혁명 시대의 디지털 기술들

4차 산업혁명의 대표적인 기술들로는 인공지능, 빅데이터, 사물 인터넷, 자율주행차, 드론, 스마트 공장 등이 있다. 물론 이 기술들에 대해서는 뒤에서 더 자세히 다루지만, 4차 산업혁명의 매우 핵심적인 기술들이기 때문에, 이것들에 대한 개념을 서두에서 간단히 정리해본다.

인공지능AI

인간의 지능학습능력, 추론능력, 지각능력 등을 컴퓨터 프로그램으로 실현한 기술을 말한다. 머신러닝, 딥러닝 등을 통해 컴퓨터가 인간의 지능을 모방할 수 있도록 구현하는 것이다. 여기서 말하는 지능은 단순히 주어진 것 그 이상의 일을 처리할 수 있는 능력을 말한다.

빅데이터Big Data

최근, 정보통신 기술의 발전으로 유례가 없을 만큼 매우 많은 양의 데이터가 생산되고 있다. 우리가 SNS에 올리는 글과 사진, 인터넷에 남기는 글, 쇼핑몰에 남긴 후기, 유튜브 영상 시청기록 등 수많은 정보가 매일같이 축적되고 있다. 이 데이터들은 단순 나열된 그 자체로 큰 의미가 없지만, 이를 분석하고 융합하면 산업적 혹은 비산업적으로 매우 큰 가치를 갖게 된다. 데이터 분석을 통해 여러분들이 무엇을 좋아하고 싫어하는지, 감정상태가 어떠한지, 정치적 성향이 어떠한지 등 모든 것을 파악할 수 있다. 기업들은 빅데이터를 통해 소비자들의 잠재 욕구를 파악하고 마케팅 계획을 세우며, 국가와 공공기관은 정책과 관련하여 여론의 동향을 파악할 수도 있다.

사물 인터넷IoT

사물 인터넷이란 우리 주변에 존재하는 유무형의 사물들이 서로 연결되어 개별적인 사물로 존재했을 때 제공하지 못했던 새로운 서비스를 창조하는 것을 말한다. 예를 들어, 여러분이 에어컨을 끄는 것을 깜박하고 외출한 상황을 가정해보자. 장시간 외출할 상황이라면 많은 전기가 낭비될 것이다. 에어컨을 끄기 위해 다시 집으로 돌아가야 할까? 집 밖에서도 집안의 기기들을 컨트롤할 수 있다면 얼마나 좋을까? 하지만 이 기술은 이미 실현되고 있다. 대부분 인간의 조작이 개입되는 형태로 통제가 되는 수준이지만, 본격적인 사물인터넷 시대가 열리면 인터넷에 연결된 기기는 인간의 개입 없이도 상황 정보를 스스로 수집 및 판단하여, 조치를 취할 수 있게 될 것이다.

자율주행차 Self-driving car

운전자가 핸들, 페달, 브레이크 등을 조작하지 않아도 차량에 내재한 센서로 도로 상황을 파악해 스스로 목적지까지 찾아가는 자동차를 말한다. 자율 주행 기술을 일반 승용차에 한정되게 생각하지만, 이 기술이 항공기, 배, 드론, 기차 등 세상의 모든 운송 수단에 적용될 수 있기 때문에 그 파급력은 상상을 초월하게 된다. '이동'이라는 개념에 엄청난 변화가 일어나게 될 것이다.

드론 Drone

사람의 탑승 없이 무선 전파유도에 의해 비행 및 조종이 가능한 비행체를 말한다. 드론은 지리적 한계, 안전상 이유로 접근하기 어려운 장소까지 자유롭게 비행하고 그곳의 모습을 담을 수 있으므로 상당히 활용 범위가 넓다. 초기의 드론은 미사일 폭격 훈련,

정찰 등 군사용 무인 항공기로 사용되었으나 점차 공공 부문, 건설, 물류·운송, 소방·안전, 환경관측 및 조사, 농업 분야로 확대되었다. 이제는 취미용으로까지 개발되어 상용화가 꽤 이루어진 상태다.

스마트 공장 Smart factory

인공지능, 빅데이터, 사물 인터넷, 로봇 기술이 한데 모여 제조업과 함께 융합되는 곳이기 때문에 스마트 공장은 4차 산업혁명이 제조업에 주는 메시지 가운데 가장 뚜렷한 특징으로 전체 산업의 혁명을 불러일으킬 것으로 예상된다. 특히, 최근 고객 수요가 다변화되고 유연한 생산체계가 요구됨에 따라 큰 주목을 받고 있다. 스마트 공장은 공장 내 설비와 기계에 사물 인터넷을 설치하여 공정 데이터를 실시간으로 수집하고, 이를 분석해 목적된 바에 따라 스스로 제어할 수 있는 지능형 공장으로 생산성, 품질, 고객만족도를 향상시킨다. 스마트 공장의 등장은 기존의 소품종 대량생산 체계에서 다품종 소량생산 체계로의 변화를 의미한다.

4차 산업혁명의 기술은 이처럼 매우 다양하지만, 기술의 핵심은 결국 인공지능AI과 데이터Data에 있다. 사물 인터넷이든, 자율주행차든, 드론이든, 스마트 공장이든 로봇과 기기가 상황에 따라 인간이 의도한 바대로 작동하기 위해서는 지능이 없어서는 안 되기 때문이다. 그리고 인공지능은 반드시 데이터를 필요로 한다. 인공지능은 학습할 데이터가 있어야만 스스로 학습하고 인간의 일을 대신해낼 수 있기 때문이다.

8

4차 산업혁명 시대,
사라질 직업과
떠오르는 직업은?

4차 산업혁명 시대에는 인공지능의 발달로 점차 인간의 일자리가 줄어든다는 보고서와 연구 결과들이 쏟아져 나오고 있다. 영국 옥스퍼드대 교수 칼 베네딕트 프레이는 2013년 인공지능과 로봇 등 기술 발전으로 인해 20년 이내에 기존 직업의 47%가 사라질 것이라는 논문을 발표해 세계적인 주목을 받기도 했다. 특히 제조업이 자동화되면서 제조업 일자리가 감소할 것으로 예측했다.

2016년 세계경제포럼WEF이 발표한 일자리의 미래 보고서는 4차 산업혁명으로 지구촌 고용의 65%를 차지하는 선진국 및 신흥시장 15개국에서 5년 간 일자리 710만 개가 사라지고, 210만 개의 일자리가 새로 창출될 것이라 전망했으며, 같은 해 백악관이 발간한 보고서는 시급 20달러 미만의 일자리 중 83%는 자동화되거나 대체되리라 전망했다. 세계적인 경영컨설팅 회사인 맥킨지 역시 행정업무에서 가장 주된 업무인 자료수집 및 가공업무의 60% 이상이 자동화될 수 있다고 보고한 바 있다.

이러한 이야기들을 듣고 있노라면 미래에 대한 우리의 기대가 점차 암울해지기만 한다. 이미, 인공지능과 로봇을 필두로 한 기술의 발전이 기존의 일자리를 빠르게 대체해 나가고 있는 현실 속에서, 우리가 미래의 고용에 대해 걱정하는 건 어쩌면 당연한 일이다. 물론, 일자리는 줄어도 결국엔 새로운 일자리가 더 많이 창출되리라 전망하는 학자들도 있지만, 그 누구도 인류의 미래를 정확하게 예측할 수 없는 실정이다.

우리는 불확실한 미래를 대비해서 무엇을 할 수 있을까?

미래는 불확실하지만, 적어도 인공지능이 대체해 나갈 직업의 특성은 무엇인지, 새로운 시대에 어떠한 직업이 등장할지, 새로 등장한 직업이 기존의 직업과 어떠한 관련을 갖는지를 알고 있는다면, 어떠한 미래를 맞이하든, 미래의 직업을 탐색하고 경쟁력을 갖추는 데 큰 도움이 될 것이다. 이 점에서 미래에 떠오를 직업과 사라질 직업의 리스트를 엿보는 것은 그 자체로 의미가 있는 일이다.

미래에 사라질 직업

미래의 위기 직업에는 택시·버스·화물운송 기사, 단순사무업무 종사원, 제조 관련 단순종사원, 은행원, 계산원, 콜센터 상담원 등이 있다. 이것들을 꿰뚫는 본질적 공통점을 의식하면서 읽어본다면, 미래에 인공지능으로 대체될 직업의 특성을 이해할 수 있을 것이다.

택시·버스·화물운송 기사

자율주행차가 일상화되면 사람들은 운전면허가 없어도 저비용으로 목적지까지 자유롭게 오갈 수 있게 되므로, 택시 및 버스 산업이 큰 타격을 입을 것으로 전망된다. 특히, 고속도로의 일정 구간을 달리는 화물의 운송은 일반 승용차의 주행보다 알고리즘이 정형화되어 있기 때문에 자율주행 트럭은 자율주행 승용차보다 더욱 빠른 시기에 출시될 것이다. 기업의 입장에서 인간 운전자 대신 자율주행 트럭을 도입할 경우, 인건비 절감, 사고 감소로 인한 비용 절감, 연료 절감 등의 효과를 기대할 수 있게 된다.

단순사무업무종사원

인공지능은 정해진 규칙에 따라 방대한 자료를 비교하고 분석하는 데 특화되어 있다. 일정 기능을 단순 반복하는 사무업무는 인공지능으로 대체될 가능성이 크다. 사람이 온종일 매달려야 하는 일을 인공지능이 단 몇 분만에 해결해준다면, 사람은 전략, 기획 등 보다 창의적인 업무에 집중할 수 있을 것이다. 처음에는 단순 사무업무 정도만 인공지능이 대체하겠지만, 점차 회계사와 변호사의 전문적인 업무 영역에도 침투할 공산이 크다.

제조 관련 단순종사원

스마트 공장의 확대로 전 제조과정이 자동화되면서 근로자들의 업무량과 사고위험은 대폭 감소하겠지만 그만큼 사람의 일자리가 기계로 대체된다. 제조과정에 로봇이 활용되면서 제소시산과 비용이 대폭 단축됨은 물론 소비자의 다양한 니즈에 효율적으로 대응할 수 있게 된다.

은행원

화이트칼라를 대표하는 은행원이라는 직업도 이제 위기에 처해 있다.

과거에는 예금, 출금, 대출 등의 금융 서비스를 제공받기 위해서는 직접 은행에 방문해야 했지만 이제는 인터넷 전문 은행, 비대면 대출이 활성화되고, 카카오뱅킹이나 토스 같은 핀테크 기술이 활성화되면서 금융 서비스를 제공받기 위해 굳이 은행에 갈 필요가 없어졌다. 자연히 은행의 지점수가 줄어드는 추세다. 은행의 지점수가 줄어든다는 것은 은행 창구에서 우리를 맞이해주던 직원들의 수가 감소한다는 것을 의미한다.

증권회사나 투자 자문회사의 사정도 마찬가지다. 미국의 증권회사 골드만삭스의 금융분석 플랫폼 '켄쇼KENSHO'는 고연봉 투자분석가가 이틀 동안 매달려야 해결할 수 있는 일을 겨우 몇 분만에 해냈고, 결국 골드만 삭스는 주식 트레이더를 600명에서 2명으로 대폭 줄여버렸다.

계산원

우리는 마트에서 물건을 구매할 때 카트를 끌고 여기저기 돌아다니면서 상품을 살펴보고 필요한 것들을 담아 결국 계산대로 이동할 것이다. 하지만 이러한 마트는 어떤가? 필요한 물건을 딱딱 고르기만 하면 별도로 계산할 필요가 없이 결제가 바로 이루어지는 그런 마트 말이다. 이렇게만 된다면 우리는 계산대 앞에서 줄을 서야 하는 불편함을 겪을 필요가 없을 것이다. 하지만 그러한 마트는 상상 속에만 존재하는 게 아니라 실제로 존재한다. 바로 아마존고가 그렇다. 아마존고는 무인계산대로 운영된다. 즉, 계산대도, 계산원도, 바코드도 없다. 그렇다면 우리는 어떻게 물건을 결제할 수 있을까?

아마존고는 기존의 바코드 대신 딥러닝 기술을 활용한다. 당신이 매장을 돌아다니며 물건을 고르는 동안 천장에 달린 센서와 카메라가 당신의 동선을 파악하고 선택한 물건을 계산하는 방식이다. 아직, 아마존고 같은 마트는 흔하지 않지만, 무인 결제

시스템이 발달하여 계산원이 없는 무인 편의점, 주유소, 마트 등이 대폭 늘어나는 추세다. 이제는 지역의 동네의 슈퍼마켓에서도 무인 결제 시스템을 흔히 볼 수 있을 정도다. 온라인과 모바일 쇼핑의 증가세 역시 오프라인 계산원의 고용시장을 더욱 축소시키고 있다.

인공지능 무인계산 시스템 아마존고

콜센터 상담원

방대한 데이터베이스만 있다면 인공지능 상담원은 이를 분석하여 고객의 다양한 민원에 충실히 대응할 수 있다. 인간 상담원은 인건비가 많이 들고 심한 감정노동으로 인한 체력 소모가 심하지만, 인공지능 상담원은 감정의 동요 없이 지치지도 않고 24시간

동안 저비용으로 고객의 다양한 문의 사항에 답변을 제공해줄 수 있다.

　이상, 미래의 위기 직업 리스트를 살펴보았다. 4차 산업혁명 시대에는 육체적인 단순노동이나 단순하고 정형화된 사무업무는 인공지능으로 대체될 가능성이 크다. 인공지능의 가장 큰 장점은 '패턴 찾기'이다. 인공지능은 충분한 데이터만 주어진다면 사람이 인지할 수 없는 복잡한 패턴도 매우 쉽게 찾아낼 수 있다. 디지털화될 수 있는 정보라면 데이터 형태가 글이든 그림이든 가리지 않는다. 이러한 인공지능의 강점을 이해한다면 인공지능으로 대체될 직업의 특성을 이해할 수 있을 것이다. 단순 노무, 일정한 패턴으로 반복되는 사무업무는 인공지능이 대신하게 될 확률이 매우 높다. 어떤 직업이든 일정한 틀 내에서 반복 작업을 요구하는 업무는 인공지능으로 대체될 것이다.

미래의 유망 직업

그렇다면 반대로 4차 산업혁명 시대에 떠오르는 직업으로는 무엇이 있을까? 미래의 유망 직업을 살펴보자.

인공지능 전문가

컴퓨터, 로봇 등이 인간처럼 사고하고 의사결정을 내릴 수 있도록 기술을 개발한다. 인공지능 전문가는 로봇 설계뿐 아니라 게임, 재생 에너지, 검색엔진, 빅데이터, 영상 및 음성 인식 등 다양한 영역에서 활동할 수 있으며 응용 프로그램 개발자, 소프트웨어 엔지니어, 시스템 개발자, 웹 디자이너, 컴퓨터 게임 디자이너 등의 직업과 관련성이 높다. 인공지능 전문가는 소프트웨어 관련 전문 지식과 수학적인 실력은 기본이고, 창조적인 생각으로 다양한 기술을 총동원할 수 있는 능력이 필요하다.

빅데이터 전문가

빅데이터 전문가는 대량의 빅데이터로 사람들의 행동이나 시장의 변화 등을 분석하는 데 도움이 되는 정보를 제공한다. 구체적으로는 데이터 수집, 데이터 저장 및 분석, 데이터 시각화 등을 통한 정보 제공을 담당한다. 빅데이터 전문가는 데이터 속에서 새로운 가치를 새로 만들어내야 하므로 통계적인 이론과 복잡한 프로그램에 대한 이해력뿐만 아니라 다양한 관점에서 문제를 의식하고 개선하려는 창의력과 추진력이 필요하다.

정보보호 전문가

정보보호 전문가는 조직의 정보보호가 제대로 이루어지고 있는지 확인한다. 모의 해킹 및 취약점 분석을 시행하여 가치 있고 중요한 정보를 보호하기 위한 대응 방안을 제시한다. 발생한 악성코드 파일을 분석하여 그에 맞는 진단 방법을 제시한다거나 해커의 침입을 빠르게 찾아내어 중요한 정보를 보호하고, 시스템 손상이나 정보 유출 시 이를 원래대로 되돌리는 일을 한다. 거의 모든 분야에서 일할 수 있지만, 그중에서도 특히 소프트웨어, 자동차, 금융, 의료, 모바일 등의 분야에서 각종 비밀 유출을 막고 해킹을 대비하기 위해 일하고 있다.

드론 전문가

드론drone은 조종사 없이 무선으로 비행 및 조종이 가능한 비행기나 헬리콥터 모양의 무인 항공기를 말하며, 드론 전문가는 세부적으로 드론 개발자와 드론 조종사를 포함한다. 드론 개발자는 드론의 비행을 제어하는 소프트웨어를 개발한다. 또한 드론을 활용한 촬영, 스포츠, 관측, 감시, 정보 통신, 광고, 배달 등 다양한 응용 분야에서 임무를 수행하는 데 필요한 응용 장치를 연구·개발한다.

드론 조종사는 지상에서 원격조종을 통해 미리 정해둔 대로 자동 또는 반자동으로 드론을 조종하며, 지상 통제 장비GCS, 통신 장비 및 지원 장비 등의 시스템을 운영·통제한다.

드론 전문가가 활동할 수 있는 곳은 실로 다양하다. 드론 제작 업체, 드론 교육 업체, 드론 촬영을 필요로 하는 방송국, 영화사, 영상 제작 업체, 드론 등록 및 운항 관리 기관 등에서 드론 전문가들을 필요로 한다. 앞으로 드론은 국경 감시, 불법 어업 단속, 조난자 위치 파악 등 사람의 손이 닿지 않는 여러 분야에서 활용도가 높아질 것이다.

3D 프린팅 전문가

종이 위에 원하는 내용을 찍어내는 기존의 인쇄 방식과 달리 소재를 쌓아 물체를 만드는 3D 프린터를 이용해 고객의 요구에 따라 제품 미니어처, 액세서리, 일상 용품, 개인 편의 제품, 기계 부품 등을 만들어 낸다.

3D 프린팅 전문가에는 고객의 요구에 따라 3D 프린터를 활용하여 출력을 대신해주거나 모형 제품을 제작하는 3D 프린팅 모델러, 3D 프린팅 출력 제품의 특성과 강도를 분석하여 여러 재료를 조합하거나 장비에 맞는 새로운 재료를 개발하는 3D 프린팅 소재 개발자가 있다. 의료 분야 바이오 인공장기 제작자, 인체 측정 기술자, 판매 유통 맞춤형 개인 소품 제작자, 3D 디자인 중개업자, 문화예술 3D 디자인 예술가, 3D 패션 디자이너, 공공 분야 불법 디지털 도면 검열관, 3D 프린팅 저작권 인증서 등 다양한 분야에서 일할 수 있다.

9

기술이 발전해도
직업의 본질은
지속된다

어른들은 흔히 지금의 직업이 미래에는 사라지고 없을 것이라는 말을 자주 한다. 아마도, 당신은 미래에 사라질 직업과 떠오를 직업 리스트를 펼쳐보고 고민에 빠질 것이다. 하지만 당신은 진로를 고민할 때 이런 이분법적인 접근에 익숙해지지 않도록 주의해야 한다. 미래 직업에 대한 단순 나열을 넘어 꿈을 탐색할 줄 알아야 한다는 의미다. 미래에 사라질 직업과 살아남을 직업이라는 이분법적 관점에서 볼 때 여러분은 다음처럼 장래 희망을 바꾸어야 할 것이다.

"소방관은 어차피 사라질 직업이니까 다른 진로를 알아봐야겠다."

하지만 독자분들 중에는 다음과 같이 반응하는 사람도 있을 것이다.

"저는 드론을 잘 다루는 소방관이 될 거예요"

드론을 사용하는 소방관

전자와 후자의 차이는 매우 크다. 물론, 미래에는 화재를 진압할 때 사람이 소방복을 입고 직접 불구덩이 속에 뛰어들 필요가 없다. 하지만 드론으로 화재를 진압하기 위해서는 화재진압용 드론을 잘 다룰 수 있는 기술자가 필요하다. 2016년 가천대 길병원은 국내 최초로 인공지능 왓슨Watson을 도입해 환자의 진단과 처방에 활용하고 있다. 왓슨은 수십만에 달하는 환자 데이터와 수많은 의학적 지식으로 무장하고 있다. 인간 의사가 아무리 똑똑해도 도저히 따라잡을 수 없는 방대한 지식의 양이다. 과거에는 인간 의사가 자신의 의학 지식으로 환자를 진단했지만, 이제 왓슨이 그 역할을 상당 부분 대신한다. 왓슨의 도입은 인간 의사의

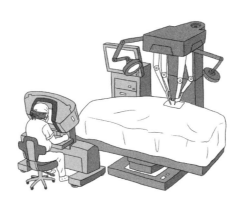

인공지능 로봇을 사용하는 의사

역할을 변화시켰다. 인간 의사는 단순한 의학 지식을 넘어 왓슨을 활용하는 지식과 함께 환자와 소통하고 정서적 유대를 형성하는 역할이 더 중요해졌다.

소방관과 의사의 예를 통해 우리는 무엇을 깨달을 수 있을까? 꿈에 대해 깊이 고민하면서 직업의 본질을 명확히 정립해낼 수 있는 사람은 해당 직업이 미래에 사라지는 것이 아니라 새로운 형태로 재탄생한다는 사실을 깨닫게 될 것이다. 직업 자체가 소멸하기보다는 전체 직무 중 일부가 필요 없어지므로, 특정 직업에서 요구되는 역량은 바뀔 것이다.

회계사, 변호사의 업무 역시 인공지능으로 대체된다고 해서 그 꿈을 접는 것은 섣부른 행동이다. 당신의 꿈이 변호사라면 "변호사라는 직업은 어차피 인공지능으로 대체될 거야!"라는 생각을 하기보다는 "인공지능을 능숙하게 다룰 줄 아는 변호사가 되어야겠다."라는 다짐을 해야 한다. 미래의 유망한 직업으로 3D 프린팅 전문가가 목록에 포함되어 있다고 해서 기존의 꿈을 포기할 것이 아니라 당신이 그 기술을 기존의 분야에 어떻게 접목할 수 있을지를 고민해야 한다.

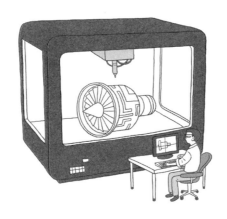

3D 프린터 전문가

4차 산업혁명의 특징은 '융합'이다. '융합'의 특징은 마찬가지로 고용시장에도 적용된다. 고용시장에서의 융합이란 주전공과 부전공의 개념처럼 인공지능 및 정보통신 기술에 대한 지식이 기존의 업*과 연결되는 것을 말한다. 사회가 일반 대중에게 요구하는 인공지능 지식과 기술에 대한 소양의 수준이 높아진 것은 맞지만 그렇다고 기존의 본업을 내팽개치고 그것에만 몰두해야 하는 것은 아니다. 예를 들어, 금융권에 인공지능 시스템을 도입하여 대출을 위한 신용평가를 한다고 하면, 단순히 인공지능에 대한 지식만 있으면 되는 게 아니라, 기존의 신용평가 실무에 대한 지식도 갖춘 사람이 필요하다.

Chapter 2

사람처럼 생각하는
컴퓨터,
인공지능

1

인공지능이란
대체 무엇일까?

인공지능이란 대체 무엇일까? 인공지능에 대한 정의를 내리기 전에 우리는 '지능'이 무엇인지에 대해 알아야 한다. 인간의 지능은 무엇일까? 인간의 지능은 어떠한 사실을 암기하고 숫자를 계산해내는 것을 말하는 것일까? 만약 인간의 지능이 단순히 암기와 계산 능력만을 의미하는 것이라면 컴퓨터는 이미 인간의 지능을 훨씬 뛰어넘었다고 볼 수 있다. 하지만 지능이란 주어진 것 이상의 일을 처리하는 능력, 무엇인가를 창조하는 능력까지 포함한다. 따라서 어떠한 기기에 인공지능이 탑재되어 있다고 말하기 위해서는 주어진 것 그 이상의 일을 해낼 수 있어야 한다.

다음의 대화를 살펴보자.

A : 오늘 기분이 어때?
B : 기분이 매우 좋다.

A : 너의 이름은 무엇이니?

B : 나의 이름은 '아리스'이다.

A : 무슨 색을 좋아하니?
B : 나는 파란색을 좋아한다.

사람 A의 질문에 B처럼 말하는 인형이 있다고 하자. 만약 이 인형에 조금이라도 다른 문장을 구사하여 말을 건넨다면 대답을 잘해낼 수 있을까? 만약 그렇지 못하다면 이것은 사전에 입력된 정보에 따라 반응하는 인형일 뿐 인공지능이라고 보기 어려울 것이다. 단순히 사람의 말소리에 반응하여 고개를 끄덕이거나 웃는 장난감 인형도 마찬가지다. 대화라는 것은 우리 일상에서 매우 자연스럽게 이루어지는 것이기 때문에 대수롭지 않게 여겨지지만, 생각보다 대단한 지능을 요구하는 것이다.

어디서부터 어디까지가 인공지능인지에 대한 명확한 기준이 있는 것은 아니지만, 인공지능이라고 하려면 최소한 이미 입력된 것 이상의 일을 스스로 판단해서 처리할 수 있어야 한다. 입력된 것 이상의 일을 처리할 수 있다는 것은 스스로 추측하고 판단할 수 있음을 의미한다. 알파고처럼 바둑의 원리를 이해하고 다음의 수를 판단하는 등 문제를 해결하기 위한 지능적 행동을 하는 경우를 일컫는다. 인간의 학습능력과 추론능력, 지각능력, 자연언어의 이해능력 등을 컴퓨터 프로그램으로 실현한 기술로 컴퓨터가 인간의 지능적인 행동을 모방할 수 있도록 한 것을 인공지능이라고 한다.

우리 주변에 스스로 추측하고 판단할 수 있는 인공지능으로 무엇이 있을까? 쉽게 접할 수 있는 예로 스마트폰의 추천 문구 기능을 들 수 있다. 스마트폰으로 상대방에게 메시지를 보낼 때 문장의 일부만을 작성했음에도 자동 완성된 문구가 추천으로 뜨는데, 굉장히 단순하고 흔한 기능처럼 보이지만 이것은 컴퓨터가 스스로 판단해서 문구를 추천한 것으로 인공지능에 해당한다. 이외에도 한국어를 영어로 번역해주는 기능, 온라인에서 상품을 추천해주는 기능, 유튜브의 영상추천 기능, 모두 인공지능에 해당한다. 이런 인공지능을 정확히 말하면 약한 인공지능에 해당한다.

사실, 인공지능에는 약한 인공지능과 강한 인공지능이 있는데, 약한 인공지능은 자아는 없지만 한정된 영역에서 인간의 지능을 일부 뛰어나게 흉내낼 수 있는 인공지능을, 강한 인공지능은 자신을 인지하며 사람의 지능을 완벽한 수준으로 흉내낼 뿐만 아니라, 그 이상의 지능을 보여주는 인공지능을 말한다. 우리 주변에 있는 인공지능은 대부분 약한 인공지능에 해당하며, 인간이 해야 할 일을 일부 대신하여 편리성을 증대시키는 데 목적이 있다. 아직까지는 약한 인공지능이 대세이지만, 약한 인공지능 그 자체로도 각 분야에 진출하여 편리성을 증대하고 인간의 일을 충분히 대체해나갈 만한 강점을 지니고 있다.

약한 인공지능의 강점은 데이터를 활용하여 추정하고 분류하는 작업에 능하다는 것이다. 인간 의사는 자신의 지식과 경험을 바탕으로 환자의 병명을 추정하지만, 때로는 실수를 하기도 하고, 유사한 증상 간에 병명을 오인할 가능성이 있다. 하지만 인공지능은 그 데이터 안에 각 질병에 대한 정보가 정확히 들어 있기만 하다면 데이터 항목을 하나도 빠트리지 않고 분석해 병명을 정확하게 판단해낼 수 있다.

데이터 처리 속도가 빠르다는 것 역시 약한 인공지능의 강점이다. 환자의 상태가 위독한 상태에서 어떤 수술을 해야 할지를 추정하는 데 일주일 이상이 소모되어야 한다면 수술 시점을 놓쳐버릴 수 있다. 하지만 인공지능은 대량의 데이터를 활용해 추정하는 작업에 능통하므로 인간보다 훨씬 빠른 결론을 도출해낼 수 있다. 앞으로 어느 분야든 데이터를 분류하고 처리하는 업무는 인공지능이 빠르게 대체해나갈 것이다. 이전에는 기술과 경험을 가지고 정해진 룰에 따라 일을 했다면, 4차 산업혁명 시대에는 정해진 틀에서 좀 더 벗어나 창의력과 융합적 사고력을 요구하는 일을 하게 될 것이다.

2

인공지능은
어떻게
배워나가는 걸까?
: 머신러닝과 딥러닝

과거에는 문제 해결을 위해 사람들이 직접 모든 프로그램을 작성했으나 점차 사회가 발전하고 문제가 복잡해지면서 사람이 직접 설계하는 것이 어려워졌다. 이를 해결하기 위해 입력과 출력의 데이터만 제공해주면 규칙을 자동으로 파악해서 다음의 일을 파악하는 모델을 만들었는데, 이것이 바로 머신러닝이다. 인공지능, 머신러닝, 딥러닝의 개념이 서로 유사하여 혼동하는 사람들이 많은데, 머신러닝은 인공지능을 구현하는 대표적 방법이며, 딥러닝은 머신러닝의 여러 방법 중 하나다. 인공지능은 가장 넓은 개념으로, 머신러닝과 딥러닝은 인공지능을 실현하는 수단인 것이다.

이 관계를 시각적으로 표현하면 아래의 그림과 같다.

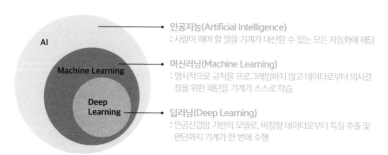

인공지능, 머신러닝, 딥러닝

인공지능이란 인간이 만들어낸, 인간처럼 생각하고 추론할 수 있는 지능을 말한다. 그리고 머신러닝Machine Learning은 인공지능을 구현하는 하나의 방법으로 인간으로부터 대량의 데이터를 제공받아 수학적 최적화와 통계분석기법을 통해 다음에 일어날 일을 예측한다. 딥러닝Deep Learning은 데이터 기반으로 인공지능을 구현하는 머신러닝의 한 종류다. 우리 뇌 안에는 수천 억 개의 뉴런이 서로 촘촘하게 연결되어 신호를 주고받으면서 작동하는데, 딥러닝은 이런 인간 두뇌의 뉴런 구조를 본 따 만든 모델로, 엄청난 양의 데이터를 통한 학습으로 사물과 음성을 인식한다. 인공신경망을 모방한 딥러닝의 핵심은 분류를 통한 예측이다. 수많은 데이터 속에서 패턴을 발견해 인간이 사물을 구분하듯 컴퓨터가 데이터를 분류한다.

인간에 의해 미리 제공된 정보를 학습한 후, 분석한 결과를 토대로 새로운 것을 예측하는 기술이 머신러닝이라면, 딥러닝은 스스로 판단에 따라 학습하고 미래의 상황을 예측하는 기술이다. 머신러닝은 인간이 학습에 필요한 데이터를 수동적으로 제공해줘야 하지만 딥러닝은 스스로의 판단에 따라 학습하고 미래의 상황을 예측한다. 머신러닝의 경우 무엇에 주목해서 학습해야 하는지에 대한 정보를 사람이 컴퓨터에 제공해줘야 하는데, 이를 '특징량'이라고 한다. 예를 들어, 개와 고양이 사진을 구분하기 위해

윤곽선과 수염의 모양을 특징으로 선택할 수 있을 것이다. 이런 식으로 사용자는 자신의 경험칙에 따라 특징량을 컴퓨터에 제공할 수 있다.

하지만 기계가 제공된 특징량을 학습한 결과가 좋지 못할 때가 있다. 예를 들어, 사용자가 경험칙상 개와 고양이를 분류하는 중요한 기준으로 털의 색깔을 특징량으로 제공했을 경우 오히려 결과의 정밀도가 낮아질 수 있다. 때문에 사용자는 특징량으로서 부적합한 것들을 제거하고 다시 학습시키는 등 많은 시행착오를 겪어야 한다.

하지만 딥러닝의 경우 이러한 특징량을 제공할 필요가 없다. 무엇에 집중하여 학습해야 할지를 사람이 제공하지 않아도 컴퓨터 스스로가 인지, 추론, 판단을 통해 정밀도가 높은 결과를 이끌어내기 때문이다. 인공신경망 기반의 딥러닝은 인간 두뇌가 수많은 데이터 속에서 패턴을 발견한 뒤 사물을 구분하는 정보처리 방식을 모방해 컴퓨터가 사물을 분별하도록 기계를 학습시킨다. 쉽게 말해 당신이 가지고 있는 모든 데이터를 그냥 넣으면 된다. 즉 데이터 정보 중에 어떤 특징값을 추출할지 고민할 필요가 없다는 것이다. 그냥 있는 정보 모두를 딥러닝 모델에 넣으면 딥러닝 모델이 알아서 필요한 정보에 가중치를 높여서 모델을 생성한다.

이러한 딥러닝 기술도 단점이 있다. 정밀도가 높은 결과를 이끌어내기 위해서는 머신러닝보다 훨씬 많은 데이터가 필요하다는 점이다. 딥러닝은 대규모의 데이터가 필요하다. 이 때문에 정보를 만들고 수집할 수 있는 사용자의 능력에 따라 딥러닝의 학습 결과는 천차만별이다. 소규모의 데이터일 때에는 딥러닝의 품질이 머신러닝에 비해 떨어지기도 한다. 즉 데이터의 수집이 무엇보다 중요하다. 텍스트 또는 이미지 데이터의 경우 웹크롤링을 통해 개인도 방대한 데이터를 수집할 수 있지만, 그외 웹로그 데이터, 센서 데이터, 개인 정보, 구매 데이터와 같이 기업이 아닌 개인이 구하기 어려운 데이터들도 있다.

따라서 최근에는 데이터의 중요성을 정부도 인지하고 있어서 공공 데이터를 개방하기도 하고 데이터를 거래하는 플랫폼을 만들기도 한다. 하지만 아직 초기 단계라 많이 미흡하다. 또한 단순히 데이터를 수집하는 것 이외에 지도학습을 하기 위해서는 정답 레이블링 작업도 필요하다. 예를 들어, 이미지에서 자동차, 자전거, 사람을 구분하는 딥러닝 학습을 한다고 하자. 객체 인식 딥러닝 모델을 만들기 위해 수천 장 이상의 이미지에서 각 이미지마다 자동차, 자전거, 사람의 좌표정보를 레이블링한 후 모델링해야 한다. 이러한 레이블링 작업은 소위 말해 노가다 작업이다. 따라서 이러한 노가다 작업을 대신해주는 데이터 가공 전문 업체들도 생겨나고 있다.

　머신러닝과 딥러닝은 모두 데이터를 통해 학습한다는 점에서 공통점이 있지만, 데이터 의존도에 큰 차이가 있는 셈이다. 그러나 데이터 의존도가 높은 것이 꼭 단점으로 작용하지는 않는다. 사실 이것은 매우 큰 강점이 되기도 한다.

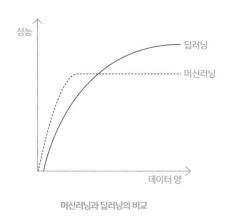

머신러닝과 딥러닝의 비교

　머신러닝은 적은 데이터양만으로도 딥러닝보다 우수한 성능을 보이지만 대신 학습 데이터양에 비례해서 성능이 지속적으로 향상되는 데는 한계가 있다. 그만큼 딥러닝은 데이터양에 비례하여 성능이 지속적으로 개선되는 강점이 있는 것이다. 딥러닝은 인간의 뇌를 모방한 알고리즘으로 대량의 데이터를 효과적으로 적용할 수 있는 특징이 있다.

오늘날 정보통신 기술이 비약적 발전을 이루면서 수집 및 저장할 수 있는 데이터양이 증가함에 따라 대용량의 데이터를 활용하는 데 유리한 딥러닝이 주목받고 있다. 2016년 바둑 고수 이세돌 9단과 대결을 벌인 알파고AlphaGo는 딥러닝을 활용한 인공지능이다. 알파고는 바둑 기보를 보고 스스로 바둑 전략을 학습했다. 과거부터 현재까지 있었던 모든 기보 정보를 학습했기 때문에 어떠한 절정 고수가 와도 알파고를 이길 수 없는 것이다.

알파고는 학습도 사람보다 훨씬 많이 했고 바둑 두는 도중 실수도 하지 않는다. 앞으로는 바둑뿐만 아니라 전문가가 했던 일들을 인공지능이 대다수 대신하게 될 것이다. 방사선사, 회계사, 세무사, 약사의 업무 등이 모두 자동화될 것이며 판검사, 의사의 업무 중 꽤 많은 부분이 인공지능으로 대체될 것이다. 인공지능은 한 번 학습만 해놓으면 실수도 안 하고 24시간 자동으로 돌아간다. 또한 월급을 줄 필요도 없기에 비용적으로도 훨씬 저렴하다.

3

터미네이터
같은 로봇은
언제 만들어질 수
있을까?

> 자의식이란 주변 환경에 자신을 대입해 모형을 만들고, 이 모형의 미래를 시뮬레이션 해 목표를 성취하는 능력이다.
>
> — 미치오 카쿠 일본의 미래학자

인공지능 하면 흔히 떠오르는 로봇이 영화 <터미네이터>에서 아놀드 슈워제네거가 연기한 T-800일 것이다. 터미네이터와 마찬가지로 인공지능을 다루는 여러 공상과학영화 시리즈는 어느 시점에서 로봇들이 자아를 취득하고 인간에게 전쟁을 선포하는 등 유사한 레퍼토리로 돌아간다. 하지만 영화의 설정처럼 인공지능은 정말 인류를 위협할 위험한 존재일까? 아니 더 근본적인 질문으로 돌아가서, 정말 그러한 인공지능 로봇을 만들어낼 수 있기는 한 걸까?

먼저 당신이 알아둘 것은 인공지능에는 강한 인공지능과 약한 인공지능이 있다는 사실이다. 사람들은 인공지능이라고 하면 영화 <트랜스포머>에 등장하는 옵티머스 프라임 또는 영화 <터미네이터>의 T-800을 떠올린다. 이것들은 기능적인 측면에서

볼 때 분명 강한 인공지능에
해당한다. 이들은 정말 자의
식을 지닌 생명체처럼 보인
다. 사실, <트렌스포머>에
등장하는 로봇들의 설정은
외계 생명체다.

I am back!

영화 <터미네이터>에 등장한 T-800의 모습

강한 인공지능이란 컴퓨
터 프로그램이 인간처럼 사
고하고 행동하는 인공지능
을 말한다. 자신을 인식할 수

있는 능력이 있으며, 종합적인 판단도 내릴 수 있어야 한다. 강한
인공지능인 T-800은 영화상에서 하나의 자아를 지닌 인격체처
럼 묘사되며, 인간과 자유자재로 대화를 주고받을 수 있음은 물
론, 총도 다룰 줄 알고, 자신을 치료할 줄도 알며, 자동차를 운전
할 줄도 안다. 존 코너를 지키는 미션을 수행하기 위해 각 상황에
서 인간 이상의 합리적인 판단을 내리기도 한다.

이러한 강한 인공지능을 인간 형체의 로봇에 탑재하면 T-800
과 제법 유사한 로봇을 만들어낼 수 있을 것이다. 하지만 아직까
지 강한 인공지능은 개발되지 못하고 있다. 우리 일상에서 인공
지능이라고 부르는 것들은 대부분 약한 인공지능이다. 내비게이

션을 예로 들어보자. 적어도 빠른 길을 정확하게 찾아내는 데 있어서는 내비게이션약한 인공지능의 '실시간 빠른 길 찾기' 기능이 여러분의 판단보다 비교할 수 없을 정도로 빠르고 정확할 것이다. 그런데 이 내비게이션이 길을 더욱 신속하고 정확하게 찾아낼 수 있다고 해서 당신보다 높은 지능을 가졌다고 말할 수 있을까? 단지, 특별한 소프트웨어가 설치되거나 컴퓨터의 성능이 개선되는 것만으로 일정 시점부터 인간처럼 지능을 가지게 된다는 설정은 영화 속에서나 가능할 뿐이다.

일부 한정된 기능을 수행하며 인간이 작은 목적을 달성하는 데 도움을 주는 수준의 약한 인공지능이 현재로서는 강세다. 사람의 목소리를 듣고 반응하는 음성인식 시스템이나 내비게이션, 가정용 로봇 청소기는 모두 약한 인공지능에 불과하다. 약한 인공지능은 인간이 지닌 지능 일부를 흉내낼 뿐이다. 바둑 천재 이세돌을 상대로 승리를 거둔 알파고 역시 약한 인공지능이다. 물론, 알파고는 바둑의 원리를 빠르게 배우고, 그 다음의 수를 찾아내는 능력만큼은 인간의 지능을 넘어섰다고 볼 수 있다. 이는 현재까지 나온 인공지능 기술 중 수준이 가장 높은 것으로, 이를 딥러닝이라고 한다.

하지만 이러한 알파고조차, 자신이 무엇을 하고 있는지, 자기 자신이 왜 바둑을 두고 있는지를 깨닫지 못한다. 알파고가 사람보다 바둑을 잘 둘 수 있다고는 하지만 그렇다고 사람과 대화를 주고받거나 소설을 쓰는 등 다른 기능을 수행하지는 못한다. 이처럼 약한 인공지능은 특정한 업무를 제한된 범위 내에서 인간보다 탁월하게 처리할 뿐이다. 암기와 계산뿐만 아니라 자기 자신을 인지하는 것도, 엉뚱한 것을 상상해내고 없는 이야기를 지어내는 것도 지능이다. 약한 인공지능은 그러한 것들을 할 수 없다. 약한 인공지능이라는 말 자체가 이미 진정한 지능을 가지지 못했음을 의미한다.

인간 두뇌의 정체, 두뇌를 구성하는 뉴런들이 어떠한 형태로 연결되고, 이것들이 '자아'를 형성하는 원리가 무엇인지에 대한 비밀을 푼다면, 영화 속에 등장하는 강한 인공지능도 전혀 실현 불가능한 이야기만은 아닐 것이다. 하지만 인간은 아직 인간 두뇌의 비밀을 풀지 못하고 있다. 인간의 지능에 대한 비밀을 풀지 못한 이상 진짜 인간처럼 사고하고 자신의 자아를 인식할 수 있는 강한 인공지능 로봇은 탄생하기 어렵다.

우리가 현실에서 마주할 인공지능은 영화 속에 등장하는 허구의 '강한 인공지능'이기보다는 '약한 인공지능'이다. 약한 인공지능은 유용한 도구가 된다. 인간의 지능을 흉내내는 약한 인공지능을 여러분이 얼마나 능수능란하게 다룰 수 있느냐에 따라 여러분의 미래가 좌우될 것이다.

4

예술의 영역에
뛰어든 인공지능

컴퓨터는 빠르고 정확하지만 멍청하다. 인간은 느리고 부정
확하지만 뛰어나다. 둘이 힘을 합치면 상상할 수 없는 힘을 가
질 수 있다.

– 아인슈타인

인간이 맡은 대다수의 일자리는 앞으로 인공지능으로 대체될 가
능성이 크다. 인공지능이 진입하여 인간을 대체할 수 있는 영역
은 단순 사무 영역뿐만이 아니다. 의료, 법률, 금융 등 전문 지식
이 필요한 분야에서도 인공지능이 진출하여 인간을 대체할 것이
라는 전망이 나오고 있다. 이에 인공지능에 대체되지 않는 방법
으로 창의성을 기르는 것에 사람들이 가장 많이 주목했지만, 이
제는 인공지능이 음악, 그림, 문학 등 인간 고유의 창조적 능력이
필요하다고 여겨지는 예술의 영역까지 침범하면서 작지 않은 충
격을 주고 있다.

　2013년에는 인공지능이 쓴 소설이 일본의 호시 신이치 문학
상 공모전 1차를 통과했다. 2016년엔 인공지능이 딥러닝 알고리

즘을 통해 네덜란드의 화가
렘브란트의 작품에서 색채,
구도, 터치감과 같은 특징
을 학습하고 마치 렘브란트
가 살아 돌아와서 직접 그린
듯한 작품을 만들어 내었다.
진짜 렘브란트가 그린 그림
사이에 섞어놓으면 구별이

인공지능 화가 '더 넥스트 렘브란트'가 렘브란트 화풍을
재현해 그린 초상화*

가지 않을 정도다. 이제 우리는 인공지능이 작곡한 음악도 들을
수 있다.

그동안 예술이라는 것은 인간만이 할 수 있는 고유 영역으로
여겨져 왔지만, 앞으로도 그럴까? 인간의 창의적 노동 역시 인공
지능에 대체되지 않을까? 인공지능이 인간의 학습능력을 뛰어넘
을 수는 있어도, 최소한 창조하는 능력만큼은 침범할 수 없을 것
이라는 믿음은 이미 깨지고 있다. 인공지능은 앞으로도 계속 발
전을 거듭할 것이다.

앞으로 인간은 창조의 영역에서도 인공지능에게 자리를 내줘
야 할까? 필자는 인간의 창작행위 자체가 인공지능에 대체되리

---

* http://www.micepost.co.kr/news/articleView.html?idxno=534

마르셀 뒤샹의 <샘>(1917)

라 생각하지 않는다. 현대 미술사에 선을 그었던 마르셀 뒤샹의 <샘Fontaine>1917이라는 작품에서 인공지능과 인간 창조성의 미래에 대한 영감을 얻었고, 이를 여러분에게 소개해주려 한다. 1917년 마르셀 뒤샹은 시중에서 흔히 구할 수 있는 완제품 형태의 소변기를 뒤집어 놓고 'R. Mutt'라는 서명을 한 뒤 그것을 전시회에 내보낼 생각을 하였다. 당시로서 그의 행동은 너무나 파격적이었다.

> 일상에서 흔히 볼 수 있는 물건을 가져와 새로운 제목과 관점 아래 그 쓰임새가 사라지도록 배치했다. 그 결과, 그 오브제에 대한 새로운 생각이 창조되었다.
>
> – 마르셀 뒤샹

소변기 기능을 생각하지 않고, 그저 있는 그대로의 본질적 형태만을 바라볼 때 소변기의 매끄러운 표면과 부드러운 곡선은 실로 어느 추상 조각 작품과 비교해보아도 전혀 손색이 없음을 알 수 있다. 당시의 미술계에서 작품이라는 것은 작품을 만들어내는 작가의 숙련도와 땀방울, 그리고 독창성이 결합하여 탄생하는 것이었지만 마르셀 뒤샹은 당시 형식화된 미술 시스템에 대해 도발을 시도하였다. 그의 독창성은 작품 그 자체가 아니라 관념, 즉 관점의 전환에 있다. 마르셀 뒤샹의 파격적인 시도는 예술의 본질이 작품 자체가 아닌, 작품 너머 배후에 존재하는 관념에 있다는 미술사의 새로운 흐름을 만들어내었다.

인공지능이 제아무리 뛰어난 완성도의 작품을 쏟아내도 그것은 인간의 창조성과 구분된다. 인공지능은 인간의 창조성을 흉내 낼 뿐이다. 선구자로서 새로운 세계를 이끌어나가는 주체는 언제나 인간이다. 인공지능은 학습한 것을 분석하여 결정을 내리고 작품을 만들어내지만, 인간은 위대한 상상력을 바탕으로 검증되지 않은 새로운 영역을 개척한다. 이 부분은 인공지능이 대체하기 어려운 부분이다. 인공지능의 발전은 오히려 인간에게 더욱 위대한 상상력과 창의적 능력을 요구한다. 오직 그러한 인간만이 인공지능에 지배당하지 않고 인공지능을 활용하여 더욱 극단의 창조성을 발휘할 수 있게 된다. 또한 인공지능이 제작한 음악, 그림, 문학 작품은 단번에 도출된 작품이 아니다. 인공지능이 도출해낸 작품을 인간이 선택하고 수정하는 작업을 거친 것이다. 즉, 창의 노동 자체가 사라지는 것이 아니다. 수많은 시간, 비용, 인력이 필요한 창작 활동을 개인 혼자서 할 수 있는 시대가 열리는 것이다. 인간과 기계는 창작 활동에 있어 공생의 길을 걸을 것이다.

4차 산업혁명 시대가 인공지능과 함께 살아가야 하는 시대라면, 인공지능을 경쟁과 시합의 대상으로 보기보다는 공생하여 더욱 탁월한 결과를 이끌어낼 수 있는 대상으로 보려는 자세가 필요하다. 작가는 영감이 필요할 때 기억을 더듬으며 글감을 정리한 노트를 펼쳐보는 방식에서 벗어날 수 있다. 작가는 인공지능을 통해 글감 데이터를 손쉽게 얻을 수 있을 것이다. 이것은 디자이너도 마찬가지다. 결국, 인공지능은 인간이 창조적 상상력을 발휘하는 데 있어 여러 가지 현실적 제약을 극복하게 해줄 훌륭한 도구다. 우리는 인공지능이라는 도구를 통해 창조적 노동의 편리성을 증대시킬 수 있다.

결국, 인간의 경쟁 상대는 인공지능이 아니라, 인공지능을 탑재한 또 다른 인간이다. 앞으로는 인공지능을 능숙하게 다룰 줄 아는 변호사와 그냥 변호사, 인공지능을 능숙하게 다룰 줄 아는 예술가와 그냥 예술가가 존재할 것이다. 물론 인공지능이 무조건 좋고 아름다운 미래만을 보장한다고 볼 수는 없다. 우리는 인공지능이 초래할 일자리 문제와 윤리적 문제에서 완전히 자유로울 수는 없다. 하지만 우리나라는 언제나 최첨단을 창조하고 주도하기보다는 이미 선진국에서 실현된 최첨단을 완벽하게 수용하여 경쟁력을 유지해 온 나라이기 때문에 인공지능을 받아들일 것인가, 말 것인가에 대한 문제는 현재 대한민국 수준에서 걱정할 단계는 아니라고 본다. 경영학에는 혁신 수용과 혁신 저항이라는 개념이 있다. 보통 사람들은 이 두 개념을 완전히 상반된 개념으로 생각한다. '혁신 수용'은 혁신을 빨리 받아들이는 그룹으로, '혁신 저항'은 혁신을 늦게 받아들이는 그룹으로 생각한다.

이 두 개념은 결과적으로 혁신을 수용한다는 점에서 차이가 없다. 두 개념의 핵심적 차이는 수용의 시점에 있을 뿐이다. 혁신을 빨리 받아들여서 경쟁력을 확보하느냐, 그러하지 못하고 뒤처지느냐의 차이가 있을 뿐이다. 세계를 선도하는 키는 결국 인공지능에 달려 있고, 그것을 빨리 받아들여서 법과 제도를 정비하는 나라만이 세계의 경쟁력에서 우위를 확보할 수 있다. 습관적으로 인공지능과 인간의 대결 구도를 상정해 놓고 미래를 염려하는 것은 우리를 엉뚱한 방향으로 이끌고 갈 가능성이 크다.

5

정보사회의 원유, 빅데이터란 무엇인가?

'기존 데이터베이스 관리 도구로 데이터를 수집, 저장, 관리, 분석할 수 있는 능력을 넘어서는 대량의 정형 또는 비정형 데이터베이스와 이러한 데이터에서 가치를 추출하고 결과를 분석하는 기술' 이것이 바로 빅데이터에 대한 학술적 정의다. 역시나 난해하고 어려운 정의인데, 이를 좀 더 쉽게 설명하면, 빅데이터란 디지털 환경에서 생성되는 데이터로 문자와 숫자 데이터뿐만 아니라 영상 데이터까지 포함하는 대용량 데이터를 말한다. 그리고 모여진 그 대량의 데이터를 분석해서 새로운 지식과 가치를 만들어내는 것까지를 아우르는 개념이다.

여기서 알아둘 것은 빅데이터는 단순히 큰Big 데이터를 의미하는 게 아니라는 점이다. 빅데이터는 데이터의 양이 많고 적음으로 구분하는 것이 아닌 선별과정의 유무로 구분된다. 즉, 빅데이터는 사람의 판단력으로 선별하지 않은 전체 데이터를 관리하는 것을 의미하며, 이 점에서 올데이터All Data라고도 한다. 빅데이터는 모으는 데이터가 아니라 모이는 데이터다. 모으는 데이터는 사람이 의도와 판별력을 가지고 모으는 것이기 때문에 그것들을 분석해서 의도했던 결과를 쉽게 취할 수 있지만, 그 범위를 벗어나는 것들에 대해선 많은 것들을 놓치게 된다.

반면, 모이는 데이터인 빅데이터는 사람의 판단력으로 선별되지 않았기 때문에, 다소 난잡하고 구조화되기 어려운 측면이 있다. 하지만 오히려 그 덕분에 보이지 않는 세상의 변화를 감지할 수 있는 것이다. 엄청난 양의 데이터 속에 숨어 있는 수많은 이야기와 정보를 분석하면 가까운 미래를 예측할 수도 있다. 실제로 구글은 빅데이터를 활용하여 특정 지역의 독감 유행을 미국 질병관리본부보다 앞서 예측하기도 했다.

우리가 SNS에 올리는 글과 사진, 온라인 쇼핑몰에서 구매한 내역과 관심 있게 클릭한 상품들, 유튜브에서 시청한 영상까지 우리의 일상 하나하나가 세심하게 데이터 형태로 저장되고 있다. 이 데이터들은 그 자체로 큰 의미를 가지지 못하지만, 이를 수집 및 분석하는 기업들은 내가 어떤 상품에 관심이 있는지, 최근 감정 상태가 어떠한지, 심지어 정치적 성향이 어떠한지 등을 파악할 수 있다. 기업은 이러한 빅데이터를 활용해 전체적인 소비자의 성향을 분석하여, 상품을 개발하고 마케팅에 활용한다. 앞으로는 빅데이터로 고객의 성향과 기호를 파악해 제품을 먼저 제안하는 기업, 고객의 개별적이고 구체적인 니즈를 바로 반영하여 제품을 생산할 수 있는 기업들이 시장을 지배한다.

정보통신업계를 주도하는 페이스북, 구글, 아마존은 각종 서비스를 제공하는 동시에, 고객들로부터 각종 데이터를 제공받아 이를 수익으로 창출하고 있다. 구글이 무료로 검색과 이메일 기능을 제공해주는 이유가 무엇일까? 당신이 남기는 검색, 이메일에 쓰는 글 하나하나가 모두 돈이 되기 때문이다. 빅데이터를 활용하는 기업은 수집된 데이터를 가공해 100배, 1,000배 이상의 가치를 만들어낼 수 있다. 이렇듯, 4차 산업혁명 시대에는 빅데이터라는 무형의 정보가 새로운 가치를 만들어내는 주요한 자산인 것이다. 데이터는 곧 권력이고 돈이다.

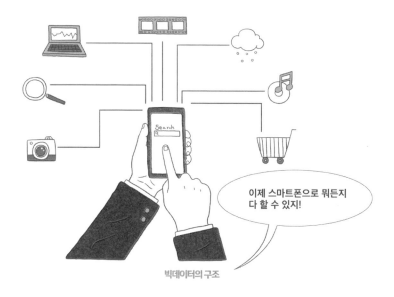

이제 스마트폰으로 뭐든지 다 할 수 있지!

빅데이터의 구조

빅데이터는 2차 산업혁명 시대의 석유에 곧잘 비유된다. 당장 우리 주변을 살펴보면 석유 없이 만들 수 있는 제품이 거의 없음을 알 수 있을 것이다. 자동차, 의류, 가전제품, 심지어 식품의 제조까지 그 과정에는 모두 석유가 필요하다. 석유는 인류에게 물질적 풍요를 가져다주었다. 빅데이터라는 무형의 정보는 각종 산업 분야에서 빼놓을 수 없이 사용되는 석유처럼 모든 산업 분야에 활용되는 디지털 신기술이며 개인, 기업, 정부 주체가 새로운 부가가치를 창출하는 데 있어 중요한 역할을 하는 혁신 기술이다.

인공지능 역시 빅데이터가 핵심이다. 인공지능은 빅데이터를 통해 학습한다. 빅데이터가 없는 인공지능은 기름이 없는 자동차와 같다. 자율주행차 역시 지도에 대한 막대한 빅데이터를 필요로 하며, 사물 인터넷에 기반으로 한 가전제품도 다른 기계, 인간과 상호작용하려면 빅데이터가 필요하다. 결국, 빅데이터를 많이 확보하고 그것을 효율적으로 관리 및 활용하는 국가와 기업이 막강한 경쟁력을 확보하게 될 것이다.

물론 4차 산업혁명 시대의 핵심 기술인 빅데이터도 아직, 사생활 침해 문제와 보안의 측면에서 해결해야 할 과제가 많다. 엄청난 양의 정보를 분석하는 게 빅데이터인데 그 안에는 사적이고 다소 예민한 수많은 개인 정보들이 포함되어 있다. 그렇게 모인 데이터가 만에 하나 외부로 유출된다면 어떤 일이 벌어질까?

이처럼 문명과 기술의 발전은 양면성을 가지고 있다. 기술의 혜택을 누리는 만큼 문제점 또한 많이 생겨난다. 빅데이터 기술에 대한 정부의 적극적 지원과 함께 이를 예방할 수 있는 제도적 방안도 함께 마련하는 사회가 되어야 할 것이다.

6

빅데이터에도
속성이 있다고?

빅데이터를 대표하는 특징에는 여러 가지가 있지만 규모, 다양성, 속도 이 세 가지를 가장 기본적인 특징으로 보고 있다. 이를 "3V Volume, Variety, Velocity"라고 한다. 즉 빅데이터는 규모가 크고, 텍스트, 이미지, 동영상 등 다양한 형태의 비정형 데이터를 포함하며 스트리밍처럼 실시간으로 표출되는 것이다.

규모 : 데이터의 양이 많다는 것을 의미하는 'Volume'

규모는 데이터의 양적인 측면을 말한다. 기술의 발전과 ICT의 일상화로 해마다 디지털 정보량이 기하급수적으로 폭증하여 이미 제타 바이트 시대에 진입한지 오래되었다. 일반 기업에서도 테라바이트1TB=1,024GB, 페타바이트1PB=1,024TB급 규모의 데이터를 다루는 경우가 증가하고 있다.

다양성 : 데이터의 종류가 다양하다는 의미의 'Variety'

규모가 크다고 빅데이터라 할 수 없는 이유는 데이터의 형태가 다양하기 때문이다. 빅데이터는 정형화된 데이터에서 시작해, 정형화가 되지 않은 데이터까지 수많은 형태를 가지고 있다. 특정 형식에 맞춰 정리된 데이터를 정형적 데이터라고 하며, 데이터마다 크기와 내용이 달라 통일된 구조로 정리하기 어려운 데이터를 비정형 또는 비구조적 데이터라고 한다. 빅데이터의 가장 두드러지는 특징은 SNS의 확산으로 소비자의 일상과 생각이 담긴 텍스트와 이미지, 동영상 등의 비정형화된 형태의 데이터가 대다수를 차지한다는 것이다.

속도 : 데이터의 생성과 유통, 이용 속도가 빠름을 의미하는 'Velocity'
여기서 말하는 속도는 데이터가 생성이 된 이후부터 유통이 되면서 활용이 되기까지 걸리는 시간을 의미한다. 센서, 모니터링, 스트리밍 정보 등 실시간성 정보의 증대로 데이터 생성과 이동 및 유통속도가 빨라지고 있다.

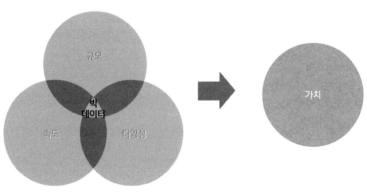

빅데이터의 속성 구조도

7

구글은 어떻게
나를 그렇게
잘 알까?

"구글은 어떻게 이렇게까지 나를 잘 알까." 서비스를 이용해본 사람이라면 한 번쯤 떠올릴 법한 의문이다. 이용자가 어디에 있는지 단번에 알아내 주변에서 판매되는 상품을 추천하고 무엇에 관심 있는지 딱 알아맞혀 관련 광고를 보여준다. 마치 이용자 속을 훤히 들여다보는 듯한 이 영업 비밀은 바로 이용자조차도 동의한 줄 몰랐던 '데이터 수집'에 있었다.

회원가입 시 구글이나 페이스북 같은 해외 사업자들은 한두 번의 클릭이면 충분한 '포괄적 동의'를 받고 있다. 위치 정보나 얼굴인식 정보 같은 민감한 정보들도 '포괄적 동의'라는 명목 하에 기본 수집하고 있는 것이다. 구글은 회원가입 시 수집하는 정보를 ▲구글 및 구글 플레이 서비스 약관 ▲개인정보처리방침 및 위치 서비스 이용약관 등 단 두 가지로 구분한 '포괄적 동의'를 받고 있다.

필수와 선택을 구분하지 않아 이용자들이 이 두 가지에 모두 동의하지 않으면 계정을 만들 수 없다. 심지어 구글은 이용약관 하단에 '옵션 더보기'라는 별도의 버튼을 만들고 구글에서 발생한 모든 활동 기록, 개인 맞춤형 광고 표시, 유튜브 시청 기록 등에 대한 정보 수집 여부를 '동의'로 기본 설정해 숨겨뒀다. 이용자가 해당 버튼을 클릭해서 동의 여부를 하나하나 해지하지 않는 이상 모든 정보가 자동 수집되는 깃이다.

반면 국내의 가장 대표적인 플랫폼 IT 기업인 네이버나 카카오는 회원가입 시 필요한 개인정보들을 '필수 동의' 항목과 '선택 동의' 항목으로 나누어 수집한다. 방송통신위원회의 가이드라인에 따라 개인정보를 여러 개로 구분해 수집하고 있다. 방통위는 반드시 필요한 '최소한'의 개인정보만 수집하고 필수 동의 항목과 선택 동의 항목을 구분해 각각의 동의를 받을 것을 권고하고 있다. 개인정보에 민감한 국내법에 의해 거대 기업들이 마음껏 데이터를 수집하지 못하고 있는 것이다.

따라서 수집하는 데이터 분량의 차이에서 오는 서비스 경쟁력 격차가 커지고 있다. 소비자들은 본인의 성향을 잘 알아서 추천해주는 구글과 같은 해외 업체를 네이버와 같은 국내 업체보다 당연히 선호하게 된다. 그러면 점점 더 구글에 의존하게 되고 그러면 구글은 거대한 데이터를 점점 더 많이 모을 수 있게 되어 점점 더 양질의 AI 서비스를 제공할 수 있다. 그러면 소비자들은 더욱더 구글에 의존하게 된다.

구글 매출의 대부분은 광고에서 나온다. 구글 매출의 대부분은 구글 웹사이트 및 유튜브 광고에서 나온다고 해도 과언이 아니다. 구글은 거대한 광고시장에서 광고주와 사용자를 효율적으로 매칭하기 위해서 데이터와 인공지능을 적극적으로 활용하고 있다. 이 인공지능은 기존보다 맞춤형 광고를 더 지능적으로 수행하고 있다. 빅데이터를 기반으로 인공지능을 고도화해 이용자의 상황과 위치, 관심사에 따라 달라지는 광고를 맞춤형으로 붙여주며 국내에서 큰 수익을 가져가고 있다. 맞춤형 광고가 더 잘될수록 더 많은 광고주들이 몰리고, 구글의 수익은 커질 것이다.

그럼 어떤 정보들을 수집해서 데이터 분석을 할까? 당신이 웹사이트 내에서 하는 모든 행동이 다 수집되고 모두 인공지능 모델에 적용된다. 클릭 내역, 체류 시간, 접속 시간, 접속 요일, 접속 지역, 접속 기기, 날씨, 검색 텍스트, 저장 내역, 댓글 내역 등 당신이 남기는 모든 로그를 수집하여 분석에 적용한다. 구글이 쓴 논문을 보면 수백 개의 데이터 변수hundreds of features를 사용한다고 나와 있다. 즉 수백 개의 데이터 종류클릭 내역, 체류 시간, 접속 시간, 접속 요일, 접속 지역, 접속 기기 등를 사용한다는 것이다. 이 정도면 스크롤을 얼마나 내렸는지, 캡처했는지, 뒤로 가기를 몇 번했는지 등 우리가 생각하지도 못하는 데이터 변수를 사용했을 것이다. 이렇게 많은 데이터를 모두 학습할 수 있을까? 정답은 '가능하다'이다. 딥러닝을 이용하면 쉽게 해결된다. 딥러닝의 특성상 데이터가 많을수록 오히려 모델 성능이 증가한다.

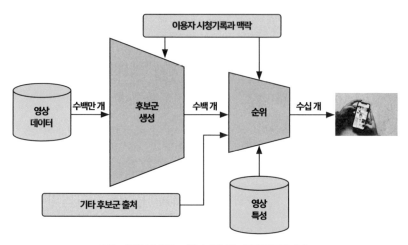

출처: <유튜브 추천 알고리즘과 저널리즘>(한국언론진흥재단)

유튜브 추천 시스템 알고리즘은 그림과 같이 두 개의 뉴럴넷 구조를 이어서 붙인 구조이다. 쉽게 생각해서 첫 번째 뉴럴넷 구조에서 후보군 동영상 수백 개를 추출하고 두 번째 뉴럴넷 구조에서 수백 개 후보군 중 최종 십여 개를 추출하는 형태이다. 전체 동영상이 몇억 개가 넘겠지만 딥러닝을 사용하면 몇억 개가 넘는 동영상 중 개인의 취향에 맞는 동영상이 추천될 수 있다. 우리가 밤늦게까지 잠을 안 자고 동영상을 미친 듯이 클릭하면서 보는 이유가 다 여기에 있다.

우리가 구글에서 벗어날 수 있을까? 불가능하다고 생각한다. 이미 전 국민이 가장 시간을 많이 소비하고 데이터를 많이 남기는 구글 검색과 유튜브를 모두 구글이 꽉 잡고 있다. 물론 한국인들은 카카오톡을 많이 사용하지만, 카카오톡 메시지를 주고받은 내용을 카카오가 인공지능 모델에 사용할 수는 없다. 개인정보보호법 위반이기 때문이다. 하지만 구글 플랫폼에서 활동하는 개인의 이력 모두는 구글이 사용할 수 있다. 우리가 회원가입 시 이미 동의했기 때문이다.

전 세계 국민의 데이터를 이미 쥐고 있으므로 구글이 신사업을 해도 성공할 확률이 대단히 높다. 사물 인터넷, 헬스케어, 여행 산업, 게임, 금융까지 진출할 수 있다. 구글이 새로운 산업에 진출했을 때 우리는 꼼짝없이 구글에 또다시 종속될 확률이 높다. 나를 너무나도 잘 아는 구글의 서비스가 편해지기 때문이다.

국내 사업자들도 데이터 경쟁력을 확보하기 위해서는 구글이나 페이스북처럼 다양한 데이터 수집에 대한 동의를 최대한 간편하게 받고 나중에 이용자들이 이를 철회할 수 있는 권한을 부여하는 방식으로 가야 한다고 주장한다. 정부가 과연 그 말을 들어줄지는 의문이다. 그리고 이제 와서 데이터 수집을 간편하게 바꾼다고 해도 이미 늦었다. 이미 데이터 격차가 너무나도 많이 벌어졌기 때문이다. 우리는 이미 구글을 비롯한 몇몇 거대 플랫폼 회사아마존, 페이스북에 너무나도 익숙해져 있다.

8

미래의
고소득 직업,
AI 빅데이터 전문가

미국 직장평가 사이트 글래스도어_{Glassdoor}가 미국 최고의 직업순위에서 2015년부터 2019년까지 4년 연속 데이터 사이언티스트를 1위로 선정한 것만 보아도 AI 빅데이터 전문가에 대한 인기는 지금 최고 절정이다. 2020년, 2021년에도 각각 3위, 2위를 기록하였다. AI 전문가, 빅데이터 전문가 연봉에 관한 기사나 연구 자료를 찾아보면 금방 엄청난 몸값을 자랑함을 알 수 있다. 우선 기술 혁신을 주도하는 미국 실리콘밸리에서 AI 전문가의 몸값은 엄청나다.

IT 기업에서 일하고 있거나 일자리 제안을 받았던 익명의 AI 전문가 9명을 인용한 연합뉴스의 기사_{2017.10.24}를 보면 막 박사 학위를 받았거나 관련 분야 경험이 몇 년에 불과할지라도 이 분야의 통상 연봉 수준은 30~50만 달러_{약 3억 4천~5억 6천만 원} 이상에 회사 주식까지 받을 수 있다고 보도했다. 자율주행차 개발, 스마트폰 및 가전기기의 AI 기술 확대 등으로 거대 기업들이 AI 전문가를 간절히 원하고 있지만 구인난이 심하다 보니 몸값이 치솟는 것이다. 그래서 교수, 박사급 고급인력이 아닌 초중급 기술자도 어느 정도 기술만 익히면 꽤 높은 몸값을 자랑할 수 있다.

외국계 헤드헌팅 업체 관계자는 일반 금융, 소비자 마케팅 분야에서 "10년 경력자석·박사 학위 + 7~8년 실무경력가 연봉 7,000~8,000만 원을 받는 것에 비해 머신러닝 등 AI 관련 분야 석사 학위가 있는 데이터분석가는 보통, 빠르면 5년 차 인력이 1억 원 이상의 연봉을 보장받는 분위기다."라고 말했다디지털타임스:2017.07.04. AI 분야 관련 석사 학위가 있으면, 고급인력이라고 보기 어려운 '5년 미만' 실무 경력자들도 1억의 연봉을 제시받는다는 게 관계자의 설명이다.

따라서 빨리 공부하고 스스로 전문가로 PR만 한다면 엄청난 몸값을 바로 자랑할 수 있는 것이다. 소위 말해 시대의 흐름을 타는 직종을 골라야 한다고 한다. 그리고 지금 아무리 좋은 직업이라도 앞으로의 전망까지 좋은 직업을 골라야 최상일 것이다. 의사, 변호사와 같은 직종은 현재까지는 고연봉 직종일지 몰라도 과거에 정점을 찍고 앞으로는 점점 그 미래가 불확실하다. AI, 로봇, 자동화의 발달로 그들이 설 자리가 점점 줄어들고 있다.

4차 산업혁명이 진행됨에 따라 일할 전문가가 필요한데 아직까지 전 세계적으로 이러한 일을 맡을 전문 인력이 매우 부족한 실정이다. 대학 교육 기관에서는 아직까지 제대로 된 교육 커리큘럼도 못 만들고 있고 소수 몇몇 대학에서 이제 막 개설하고 있지만 대학 4년을 마친 학생들이 과연 제대로 전문가로서 활동할 수 있을지는 미지수다. 더욱 안타까운 사실은 전문가를 교육할 인력이 매우 부족하다는 것이다. AI, 빅데이터는 비교적 신학문이기 때문에 80, 90년대 박사 학위를 딴 현재 다수의 교수진은 이 분야에 대한 제대로 된 강의를 하기가 쉽지 않다. 따라서 혼자 공부하고 익혀서 전문가가 되어야 하는데 제대로 된 강의와 로드맵 없이 강의하기가 많이 벅차다.

AI 빅데이터 전문가가 필요한 비즈니스 환경은 점차 늘어나는데 관련 전공자들의 배출은 매우 더디다. 수요와 공급이 불균형하니 당연히 AI 빅데이터 전문가들에 대한 대우는 지금보다 더 좋아질 것으로 예상된다. 한국신용정보원의 자료에 따르면, 세계 AI 시장 규모는 2019년 262억 달러약 29조 3,047억 원에서 오는 2025년 1,840억 7,000만 달러약 205조 8,800억 원까지 성장이 예상된다. 국내 시장 역시 2025년까지 연평균 38.4% 증가하여 10조 5,100억 원에 이를 전망이다. 소프트웨어정책연구소의 <2020 인공지능 산업실태조사>에 참여한 AI 기업 가운데 40.3%가 'AI 인력 부족'을 겪고 있다고 밝혔다. 로버스 월터스 코리아에서 조사한 <2021 디지털 연봉조사Digital Salary Survey 2021> 결과에 따르면 5~7년 경력을 지닌 AI 엔지니어는 1억 5,000만 원 정도로 나왔다. 보너스, 상여금 미포함 금액이다. 다른 소비재, 제조업, 경영지원 파트의 비슷한 경력의 직원들이 받는 연봉의 2배가 넘는 수준이다.

앞으로 AI 시장은 더욱 커질 예정이고 현재 많은 기업들이 AI 인재 영입에 난항을 겪고 있으며, 현재 AI 개발자들은 고연봉 대우를 받고 있다고 할 수 있다. 이래도 믿기 힘들면 아무 채용 사이트 플랫폼에 들어가서 당신이 아는 기업들 몇 개의 채용공고를 클릭해보아라. AI, 빅데이터, 머신러닝, 데이터와 관련된 직무 채용이 무조건 있을 것이다. 왜 모든 기업에서 뽑으려고 혈안이 되어 있겠는가? 회사에서 필요한데 인재가 충원이 안 되었기 때문이다. 그래서 그냥 채용공고만 계속 올려놓고 기다리는 것이다.

컴퓨터와
정보통신기술

1

컴퓨터는 어쩌다
만들어졌을까?
계산기에서 컴퓨터가
태어났다고?

컴퓨터Computer는 전자회로를 이용해 다양한 종류의 데이터를 처리하는 기기를 일컫는 말이다. 하지만 폭넓은 의미에서 보면 컴퓨터는 전자회로의 유무와 관계없이 계산을 할 수 있는 기기 전반을 가르킨다. 컴퓨터는 '계산하다'라는 뜻을 가진 라틴어인 'computare'에서 유래되었기 때문이다. 100년 전만 해도 컴퓨터란 전자기기가 아닌 주판이나 계산자와 같은 전통적인 계산도구, 또는 계산하는 사람을 뜻했다. 20세기 중반부터 전자식 자동계산기에 대한 연구가 활발하게 이루어지고, 디지털 데이터의 입력과 출력, 연산 및 저장 방식에 대한 원리가 확립되기 시작하면서 컴퓨터는 오늘날의 의미로 쓰이게 된다.

인류 역사상 최초의 컴퓨터계산기라고 할 수 있는 주판은 기원전 2400년경에 바빌로니아에서 원시적인 형태로 개발된 이후, 기원전 200년경 중국에서 개량을 거쳐 거의 2000년 이상 쓰였다. 하지만 이 주판은 사용방법을 익히는 데 시간이 꽤 걸렸고, 계산과정의 상당부분을 사람 머리에 의존해야 했다.

자동으로 계산을 할 수 있는 최초의 계산 도구는 17세기부터

혈 숫자가 10개 넘으면 어떻게 계산하지?

BC 200년 경 중국 주판을 하는 사람

본격적으로 개발되기 시작했다. 그중 대표적인 것이 1623년에 독일 빌헬름 시카드Wilhelm Schickard가 처음 발표한 기계식 계산기이다. 기계식 계산기는 톱니나 피스톤 같은 기계 부품으로 구성된 것으로, 이것을 사람이나 태엽의 힘으로 돌리면서 계산할 수 있었다. 하지만 물리적으로 맞물린 기계 부품으로 구성된 탓에 구조가 복잡하고 고장이 잦아 관리가 어려웠으며, 복잡한 계산을 할수록 뻑뻑해져서 구동이 잘 되지 않는다는 단점이 있었다.

이 계산기는 곱셈과 나눗셈도 가능하지!

AD 1623년 빌헬름 시카드가 실험하는 기계식 계산기

　이러한 기계식 계산기의 단점을 극복한 전자식 계산기, 근대적인 의미의 컴퓨터는 19세기부터 고안되기 시작했다. 제1세대 컴퓨터는 진공관이 컴퓨터를 구성하는 주요 전자 소자였던 시기의 컴퓨터를 말한다. 그 시절의 컴퓨터에는 진공관이 주요 부품으로 그 속을 채우고 있었다. 중고등학교 시험문제에 단골손님처럼 등장하는 제1세대 컴퓨터, '에니악ENIAC, Electronic Numerical Integrator And Computer'은 1946년 미국 펜실베니아 대학의 존 에커트John Presper Eckert와 존 모클리John William Mauchly가 발표한 컴퓨터이다.

최초의 컴퓨터를 제작한 존 에커트와 존 모클리

　당시로서는 최고의 성능을 자랑하던 컴퓨터인 에니악은 초당 5,000번 이상의 계산을 하는 등, 이전까지 사용하던 컴퓨터보다 1,000배 이상 높은 성능을 발휘했다. 무게가 약 30t에 이르렀고, 폭은 24m쯤 되는 이 어마어마한 덩치의 컴퓨터는 미사일의 정확한 탄도 계산을 위해 만들어졌다. 100명의 수학자가 1년 간 풀 문제를 단 2시간만에 풀어버리는 속도를 가진, 말 그대로 덩치나 성능에서 괴물 같은 컴퓨터이다.

　미국 국방부는 에니악의 높은 성능에 주목해 미사일의 탄도 계산은 물론 날씨 예측, 원자폭탄 개발 등 다양한 용도로 활용했다. 하지만 에니악은 이러한 성능을 발휘하기 위해 18,000개의 진공관과 70,000개 이상의 저항기로 구성되었는데 큰 덩치에 걸맞게 전력 소모가 150kw에 달했고, 고장이 잦아 매주 2~3번씩 진공관을 교체해야 했다.

제2세대 컴퓨터의 주요 부품은 TR이라고 불리는 트랜지스터 Transistors였다. 제1세대의 진공관 부품이 작은 소자들로 바뀐 것이다. 연산소자로 트랜지스터를 이용함으로써 컴퓨터의 신뢰성이나 연산속도가 비약적으로 향상되었다. 이전의 컴퓨터들에 비해 소형화, 경량화, 고속 처리, 저전력 소모 등의 장점이 있다.

제3세대 컴퓨터는 IC라는 집적회로Integrated Circuit를 사용하는 컴퓨터이다. 1964년부터 1971년의 집적회로IC를 사용한 컴퓨터 시스템, 즉 고속 처리 능력, 고신뢰성, 소형화, 저전력 사용 등과 같은 기술 혁신을 이룬 컴퓨터를 말한다. 시스템의 신뢰성이 향상되고, 처리 용량의 확대, 고속화가 진척되었다. 운영 체제OS나 온라인 시스템이 확립된 것도 바로 이 세대 컴퓨터이다.

1970년대부터 현재까지 사용하고 있는 대규모 집적회로LSI, 초대규모 집적회로VLSI를 사용한 컴퓨터 시스템을 제4세대 컴퓨터라 말한다. 멀티프로세서 시스템의 도입, 번지 공간의 확장 등이 특징이다. 제4세대 컴퓨터에서는 개인용 컴퓨터, 지능적 터미널, 데이터통신, 분산 데이터 처리, 그리고 데이터베이스 등의 컴퓨터 전문 용어들이 보편적으로 사용되었다. 모든 컴퓨터시스템들이 성능과 기능은 향상시키고 가격은 낮추는 방향으로 발전하였다. 이때부터 가정용 PC가 보급되기 시작되었다.

미래의 컴퓨더는 AI가 접목된 컴퓨터일 것이라고 학자들은 예상하고 있다. 지금까지는 데이터 입력값에 대해서 사람이 직접 처리명령을 마우스나 키보드로 실행해야 컴퓨터가 그에 맞는 반응을 하였다. 즉 사람이 주인이고 컴퓨터는 주인의 말을 따르는 하인의 역할을 했을 뿐이었다. 하지만 앞으로 AI가 접목된 컴퓨터는 데이터 입력값에 대해서 컴퓨터가 스스로 판단하여 처리까지 자동으로 알아서 해줄 것이라 예상된다. 자동 번역, 자동 코딩 등이 가장 대표적인 예시이다.

2

옛날 컴퓨터는
왜 크기가
집채만 했을까?

최초의 컴퓨터로 1949년 영국 캠브릿지 대학의 윌키스_{Maurice V.}
_{Wilkes}와 그의 동료들이 만든 디지털 컴퓨터, 에드삭_{EDSAC:Electronic}
_{Delay Storage Automatic Computer}을 거론하는 사람들도 있지만, 그보다 3년
전에 제작된 에니악은 제2차 세계대전에서 포탄의 탄도 계산을
목적으로 만들어졌으며, 가로 9m, 세로 15m에 무게는 30t에 이르
는 말 그대로 집채만 하다고 해도 과장이 아닌 엄청난 규모였다.

최초의 컴퓨터 ENIAC의 모습

왜 초기의 컴퓨터는 초대형이었을까? 그 이유는 진공관에서 찾을 수 있다. 사실, 컴퓨터가 작동하기 위해서는 전기가 흐르는 방향을 자유자재로 바꿔줄 수 있는 반도체가 필요한데, 컴퓨터 개발 초기에는 작은 금속으로 반도체를 만들 수 있는 기술이 부재했다. 그 대안으로 제시된 방법이 바로 진공관vacuum-tube인 것이다. 진공관은 백열전구와 같은 원리이다. 내부가 진공인 유리관에 금속을 넣고, 높은 진공 속에서 금속을 가열할 때 방출되는 전자에디슨 효과를 전기장으로 제어하여 정류, 증폭 등의 특성을 얻을 수 있는데, 이러한 용도를 위해 만들어진 유리관을 진공관이라 한다.

전기장 세기에 따라 전류의 증폭과 정류 등의 특성을 조절할 수 있으니 전기가 흐르는 방향도 제어할 수 있게 되면서 반도체의 기능을 수행할 수 있게 된다. 하지만 이러한 방식으로 컴퓨터를 만들게 되면 엄청난 양의 전기가 필요하게 되고 컴퓨터의 규모 역시 비대해질 수밖에 없다. 에니악은 무려 18,000여 개에 달하는 진공관으로 이루어졌으니 크기가 초대형일 수밖에 없는 것이다. 그뿐만 아니라 전등이 수명을 다하면 교체가 필요하듯, 고장이 잘 나고 사람들의 손이 많이 가는 불편한 기술이다.

하지만 불편함을 개선하고자 지속적인 연구가 이루어져 왔고 10여 년 간의 연구 끝에 규소, 게르마늄 등 진공관을 대체할 수 있는 재료로 반도체를 만들 수 있게 되었다. 이 물질들을 초소형으로 가공해 여러 겹 겹쳐서 연결하면 전기를 원하는 방향으로 흐르게 만들 수 있다. 기존의 진공관과 같은 기능을 할 수 있는 초소형 장치가 개발된 것이다. 이 반도체를 얼마나 작고 정밀하게 만드느냐에 따라 컴퓨터 기술의 발전 판도가 달라진다.

과거의 집채만 한 초대형 컴퓨터는 책상 위에 올라갈 만큼 작아졌으며, 그 다음엔 무릎 위에 올려놓고 사용할 만큼 작아졌고, 이제는 손바닥 위에 올라와 있다. 심지어 손목에 착용하고 다니는 사람들도 있다. 스마트 워치는 시계라고 부르고 있긴 하지만 엄밀히 말하면 컴퓨터이다. 스마트 워치 같은 초소형 컴퓨터를 웨어러블 컴퓨터Wearable Computer라고 하는데, 크기가 워낙 작다 보니 '컴퓨터Computer'라는 표현보다는 작은 장치라는 뜻의 '디바이스Devices'라는 표현을 써서 '웨어러블 디바이스Wearable Devices'라고 하는 것이다.

3

컴퓨터는
왜 숫자 0과 1만
인식할까?

우리는 태어나면서부터 자연스럽게 십진법을 기초로 수학을 배우고 계산한다. 초등학교 때 암기한 구구단도 십진법이며 학교 수학시험도 십진법으로 본다. 우리는 학교를 졸업해도 평생 십진법과 같이한다. 인류가 십진법을 기반으로 수를 계산하는 이유는 아마도 인간의 손가락이 10개이기 때문일 것이다. 아이들은 숫자를 배우고 계산할 때 본능적으로 손가락을 사용한다. 이를 통해 볼 때 십진법은 인간에게 편하고 자연스러운 진법임이 분명하다.

컴퓨터가 우리처럼 숫자와 언어를 자유롭게 사용한다면 좋을 텐데, 아쉽게도 컴퓨터는 인간의 정보표현 체계를 이해하지 못한다. 컴퓨터는 단 두 개의 숫자 0과 1만을 사용한다. 컴퓨터는 '0'과 '1'을 사용하여 말을 한다. 이미지도 '0'과 '1'을 사용해 나타낸다. 그래서 우리가 컴퓨터와 대화하기 위해서는 컴퓨터가 이해할 수 있는 형태로 변환해야 한다. 이것이 바로 이진법이다.

흔히 쓰는 십진법을 컴퓨터에 쓰지 않는 이유는 간단하다. 인간은 숫자 5와 6을 쉽게 인지하지만, 컴퓨터의 전기장치는 신호의 세기를 구분하는 것을 어려워하기 때문이다. 컴퓨터의 연산

속도는 인간과 비교할 수 없을 정도로 빠르지만, 이 숫자 신호를 판단하는 데 너무 많은 자원을 소모하게 된다. 그래서 신호를 '없음' 또는 '있음' 딱 두 가지로 줄여서 각각 0과 1로 명령을 내리는 편이 컴퓨터에 훨씬 부담이 적고 효율적이다. 모든 컴퓨터는 수십억 개의 비트로 구성되는데, 어느 한 비트가 1일 때는 켜짐으로, 0일 때는 꺼짐으로 해석할 수 있다.

비트bit는 이진법의 단위로 이진수에 0과 1이 몇 개나 존재하는지 세어보면 된다. 이진수 10001에는 총 5개의 비트가 존재한다. 따라서 5비트이다. 그리고 바이트bite는 여덟 개 숫자가 한 묶음으로 이루어진 이진수를 말한다. 예를 들어, 이진수 10110101은 여덟 개의 비트이고, 하나의 바이트가 된다.

우리는 컴퓨터를 여러 가지 방법으로 조작할 수 있다. 마우스를 클릭하거나 키보드 입력하면, 그 명령들이 비트와 바이트로 바뀌면서 컴퓨터가 그 기능을 수행하는 것이다. 사실, 컴퓨터 같은 디지털 기기들이 동작할 때는 1바이트보다 훨씬 더 많은 숫자를 인식해야 하는데, 컴퓨터에 있는 모든 파일의 크기를 바이트로만 표현한다면, 그 숫자들은 너무 커질 것이다. 그래서 파일 용량을 킬로바이트KB, 메가바이트MB, 기가바이트GB, 테라바이트TB 등과 같은 큰 단위로 나타내는 것이다.

1KB = 1,024bytes

1MB = 1,024kB

1GB = 1,024MB

1TB = 1,024GB

인공지능의 시대인 4차 산업혁명 시대에 뒤처지지 않기 위해서는 소프트웨어 코딩 능력과 인공지능 알고리즘에 대한 이해가 필수적이다. 그런데 컴퓨터, 코딩, 인공지능 모두 이진법을 기반으로 운영된다. 컴퓨터는 모든 정보를 '0' 아니면 '1'로 받아들이기 때문에 컴퓨터와 대화하기 위한 코딩이라는 언어는 모두 이진법으로 변환되어 데이터를 전송한다. 따라서 새로운 미래를 맞이할 여러분들은 십진법만을 사용할 것이 아니라 컴퓨터의 언어인 이진법을 십진법처럼 자연스럽게 이해하고 사용할 줄 알아야 한다.

그런 의미에서 십진수를 이진수로 바꾸는 방법을 알아보자.

간단하다. 십진수를 2로, 마지막 몫이 1이 될 때까지 계속 나누는 것이다. 그리고 마지막 몫 1을 먼저 써준 뒤 단계별로 나온 나머지를 거꾸로 쓰면 이진수가 된다.

아래는 십진수 50을 이진수로 바꾸는 과정이다.

독일 철학자 라이프니츠와 라이프니츠의 계산기, 숫자 0101의 디지털

$$50 \div 2 = 25 \ \cdot \ \cdot \ \cdot \ 0$$

$$25 \div 2 = 12 \ \cdot \ \cdot \ \cdot \ 1$$

$$12 \div 2 = 6 \ \cdot \ \cdot \ \cdot \ 0 \qquad\qquad \uparrow$$

$$6 \div 2 = 3 \ \cdot \ \cdot \ \cdot \ 0$$

$$3 \div 2 = 1 \ \cdot \ \cdot \ \cdot \ 1$$

맨 마지막 몫부터, 계산해서 나온 나머지들을 거꾸로 써보면 110010이 된다.

4

하드웨어와
소프트웨어는
무엇이고
어떻게 다른가?

컴퓨터에 관해서 이야기할 때, 컴퓨터는 하드웨어와 소프트웨어로 구성되어 있다는 말을 많이 들어보았을 것이다. 하드웨어는 손으로 만질 수 있는 유형의 장치들을 말한다. 흔히 모니터, 스피커, 키보드, CPU 등을 말한다. 반면 소프트웨어는 손으로 만질 수는 없지만, 하드웨어가 작동하도록 신호를 보낸다. 운영체제os, 알집, 파워포인트, 엑셀, 곰플레이어 등이 이에 해당한다.

소프트웨어의 종류로 또 두 개로 나뉜다. 하나는 시스템 소프트웨어, 다른 하나는 응용 소프트웨어다. 소프트웨어 중에서도 하드웨어를 직접적으로 제어할 수 있는 소프트웨어들이 있는데, 이런 것들을 시스템 소프트웨어라 부른다. 컴퓨터를 사용하기 위해 가장 근본적으로 필요한 소프트웨어이다. 흔히 운영체제os라 부르기도 한다. 반면, 파워포인트, 워드프로세서, 곰플레이어 같은 소프트웨어는 하드웨어를 직접적으로 제어할 수 없는데, 이런 것들을 응용 소프트웨어라고 한다. 곰플레이어가 깔려 있지 않다고 해서 컴퓨터가 작동하는 데 문제가 생기진 않는다. 다시 말해, 시스템 소프트웨어인 운영체제 위에서 특정한 목적으로 사용하기 위해 제작한 소프트웨어를 응용 소프트웨어라고 한다.

사람들은 흔히 소프트웨어에 비해 하드웨어의 가치를 낮추어 보는 경향이 있다. 그래서 4차 산업혁명은 소프트웨어 혁명이라고 부르며, 그 이면을 잘 모르는 사람들은 소프트웨어의 발전만이 기술 진보의 전부라고 생각하게 된다. 그러나 로봇 기술, 기계장치 등 하드웨어 분야 역시 4차 산업혁명 시대를 이끌어갈 핵심 기술이다. 우리의 몸에 비유하자면, 하드웨어는 손과 발이고 소프트웨어는 손과 발을 움직이게 만드는 정신과 생각이라고 할 수 있다. 우리에게 정신이 없이 육체만 존재한다면 죽은 상태와 같은 것이며, 반대로 육체가 없이 정신만 존재하는 상태도 상상할 수 없다. 이와 마찬가지로 소프트웨어 없는 하드웨어는 무용지물이며, 하드웨어가 따라주지 않으면 소프트웨어 역시 이용할 수 없다.

소프트웨어는 컴퓨터에 명령을 내리는 기술이지만, 우리는 지금껏 컴퓨터를 사용해 업무를 수행해왔다. 컴퓨터에 내장된 그래픽카드는 정보를 우리 눈으로 볼 수 있는 시각적 정보로 변환하여 모니터 화면에표시해 주었다. 프린터 장치는 컴퓨터의 정보를 우리가 손에 직접 들고 작업할 수 있게 만들어주었다. 스마트폰은 뛰어난 휴대성으로 언제 어디에서나 컴퓨터의 기능을 사용할 수 있도록 해주었다.

이제는 손바닥 위에 있는 컴퓨터가 손목에 찰 수 있을 정도로 작고 정교해졌으며, 심지어 얼굴에 쓰고 다니는 세상이 도래했다. 컴퓨터처럼 인간 역시 육체와 정신으로 이루어져 있고, 인간은 정신적인 측면을 중요시하면서도 언제나 육체적 편리성과 시각적 자극을 추구해왔다. 인간이 발명한 모든 기기는 발전을 거듭할수록 이러한 욕구를 반영한 형태로 시장에 출시되어 왔다.

5

인터넷은
언제, 어떻게, 왜
시작되었을까?

최초의 인터넷 네트워크 실험은 소통을 위한 것이 아니었다. 단순히 프로세서의 이용률, 또는 시분할을 최대한 활용하기 위해서였다. 1960년대에는 네트워크가 아닌 커다란 기계들만 있었다. 이 기계들을 메인 프레임mainframe이라고 불렀는데 이 메인 프레임들은 단순 계산을 반복적으로 해나가는 데 쓰였다. 만약 이러한 계산을 분담해서 한다면 훨씬 일을 빨리할 수 있지 않을까 하는 아이디어에서 인터넷이 발달하게 되었다.

영국의 국립물리학연구소는 통신망의 혼잡을 해소하기 위해서 데이터를 쪼갠 뒤 전송하고 이를 다시 합치는 방식으로 패킷 교환방식을 고안해내었다. 하지만 자금난 때문에 연구에 한계가 많았고 그다지 성공적이지 못했다. 또한 당시에는 아주 많은 컴퓨터가 사용되고 있었지만 이들 각각의 네트워크들이 서로 달라 통신이 불가능하였다. 이후 1975년 미국의 개발자 빈트 서프와 로버트 칸이 TCP/IP통신방식을 고안해냄으로써 이러한 문제를 해결했다. TCP/IP는 패킷에 이름을 붙여서 작은 조각패킷으로 쪼개진 하나의 데이터가 네트워크의 다른 경로로 가더라도 모두 목적지에

인터넷 브라우저 기술을 개발한 팀 버너스리(출처 : 위키피디아)

도착하여 다시 재조합될 수 있도록 한다. TCP/IP를 통해 통일된 방식으로 컴퓨터들이 통신을 할 수 있게 되었다. 이것이 인터넷의 시작이었다고 말할 수 있다.

이메일도 인터넷의 발달에 중요한 역할을 하였다. 1980년대 팀 버너스리Timothy Berners Lee라는 영국인은 CERN유럽핵연구소에서 시간을 보내면서 우주에 대한 연구를 하고 있었다. 그는 과학자들의 정보를 관리하고 그들의 연구성과를 쉽게 공유할 수 있는 어떠한 플랫폼을 떠올렸다. 이러한 플랫폼이 협업을 통한 연구 생산성을 높여줄 것이라 생각했기 때문이다. 결국 그는 HTTP, HTML, URL 등 현재의 인터넷 브라우저를 구성하는 기술들을 고안해냄으로

써 목적을 이루었다. 그는 자기의 브라우저를 'World Wide Web'이라 명칭했다.

1990년대 웹브라우저는 엄청난 속도로 전 세계에 확산되고 보통 사람들도 이메일을 쓰기 시작했다. 그 이후로 인터넷은 빠르게 그리고 지속적으로 확장하고 있으며 1995년 즈음부터는 전 세계 수많은 사용자들에 의해서 사용되었다. 이렇듯 인터넷은 자연적인 진화적 과정의 일부이며 소통의 필요에 대한 결과물이라고 할 수도 있다. 인터넷은 특정한 사람에 의해 발명된 것이 아니었다. 세계 각지의 훌륭한 과학자들에 의해 발명된 파편 하나하나가 모였을 때 인터넷은 소통의 도구가 되었다.

인터넷이 세상에 들여온 파급효과는 엄청나다. 온라인 사이버 범죄가 많아졌지만, 그에 반해 오프라인 범죄는 저지르기 어려워졌다. 인터넷을 통해 전 세계에 수배자 목록이 전달되기 때문이다. 재택근무에 해당하는 직업도 많이 생겨났다. 쇼핑몰, 웹툰 작가, 프로그래머 등이 재택으로 근무하는 형태가 많아졌다. 여론조작도 어려워졌다. 과거에는 신문, 라디오 몇 개만 선점하고 언론 플레이를 하면 대중들은 그냥 받아들일 수밖에 없었다. 하지만 이제는 대중들끼리 서로 자유로운 의사소통이 가능하고 정보를 얻을 수 있는 창구가 인터넷에 무수히 많기 때문에 선동이 어려워졌다. 각종 서류 및 문서를 관리하기가 훨씬 쉬워졌다.

예전에는 실물 문서를 캐비닛에 쌓아놓던가 하드, CD 등에 보관하였다. 하지만 하드 용량 부족, CD 훼손 등으로 중요한 문서를 잃어버릴 수도 있었는데 인터넷과 클라우드의 발달로 개인 계정만 관리한다면 문서를 잃어버릴 염려가 없어졌다.

구인·구직도 더 이상 벼룩시장을 통해서 하는 게 아니라 인터넷 채용 플랫폼을 통해 쉽게 할 수 있게 되었다. 물건 구매도 인터넷으로 하다보니 온라인 상점이 호황을 누리게 되었으며 인터넷을 통해 연애 상대를 찾는 게 젊은이들 사이에서 일반화되었다. 일반인들이 증권거래를 자유자재로 할 수 있게 만들어준 장본인도 인터넷이다.

HTML과 HTTP은 뭐야?

'WWW'는 우리 일상에서 자주 보고 또 자주 입력하는 표기이다. 'WWW'란 'World Wide Web'의 약자로 일반적으로 웹Web이라고 부른다. 세계 규모의 거미집 모양의 망이라는 뜻이 있다. 앞서 언급했듯이 'World Wide Web'은 유럽의 입자물리학연구소에서 근무하던 팀 버너스리가 1989년 제안하여 개발되었다. 개발 이후 컴퓨터들이 인터넷을 통해 거미줄처럼 연결되어 각자가 보유하고 있던 지식과 정보가 손쉽게 공유되기 시작했다.

'World Wide Web'은 콘텐츠의 구조를 다루는 'HTML'과 서버와 사용자 간의 통신규약을 다루는 'HTTP'로 구성되는데, HTML은 'World Wide Web'을 통해 볼 수 있는 웹 문서를 만드는 데 사용하는 일종의 웹 언어이다. 특히 하이퍼텍스트를 작성하기 위해 개발되었다. HTML은 글자의 크기, 색, 모양, 하이퍼링크_{문서 이동} 등을 정의하는 명령어로서 홈페이지를 작성하는 데 쓰이는 것이다.

'World Wide Web'에서 볼 수 있는 대부분 문서는 HTML로 작성된 것이다. HTML5라는 것도 있는데 이것은 HTML의 기능을 확장하기 위해 개발된 HTML의 새로운 버전이다. 웹 문서로는 동영상 재생지원이 어려웠고 이를 해결하기 위해 개발된 것이 액티브X, 어도비의 플래시다. 하지만 HTML5가 발표되면서 외부의 도움 없이 웹브라우저 자체적으로 동영상 재생을 할 수 있게 되었다.

HTTP는 인터넷에서 웹서버와 사용자의 인터넷 브라우저 사이에 문서를 전송하기 위해 사용되는 통신규약이다. 가령 인터넷 주소를 지정할 때 'http://www.naver.com'과 같이 입력하는데 이는 WWW로 시작되는 인터넷 주소에서 하이퍼텍스트 문서의 교환을 HTTP 통신규약으로 처리하라는 뜻이다.

6

1G, 2G, 3G,
4G, 5G가
무엇을 의미하는 걸까?

인공지능은 4차 산업혁명 시대의 대표적인 기술로 주목받고 있다. 이제 가정이 존재하는 모든 기기는 서로 연결될 것이며, 인공지능이 내린 명령에 따라 우리에게 훌륭한 서비스를 제공해줄 것이다. 그리고 이러한 인공지능 기술을 가능케 하는 것은 바로 통신기술이다. 인공지능이 발전하는 만큼 정보통신기술도 발전해야, 인공지능 산업도 그만큼 확장될 수 있다.

쉽게 비유하자면, 인공지능과 통신기술의 관계는 두뇌와 신경의 관계와 같다. 우리 주변에는 정신과 지능이 정상이지만 안타깝게도 혼자서는 아무 일도 할 수 없는 사람들이 있다. 바로 사고로 인해 신경계에 손상을 입으신 분들이다. 온전한 지능에도 불구하고 자기 신체를 통제하는 데 어려움을 보인다. 마찬가지로 인공지능이 제아무리 발전한다고 해도 인공지능과 기기를 연결해 줄 수 있는 통신기술이 부재하면 소용이 없게 된다. 집안에 존재하는 사물들이 서로 연결되어 정보를 주고받을 수 없다면 사물인터넷IOT의 발전 역시 요원해질 것이다.

컴퓨터 역시 대표적인 정보처리 기기 중 하나이다. 컴퓨터는 정보를 생성 및 가공하고 저장하여 그것을 연결된 다른 컴퓨터에 전송하므로 통신의 기능을 가지고 있다. 초기에는 제한된 범위 내에서만 통신을 주고받을 수 있었지만, 지금은 인터넷이 발달하여 수많은 컴퓨터가 통신망에 연결되어 있다. 최근에는 컴퓨터의 크기가 소형화되면서 주머니 속에 들어와 있다. 바로 스마트폰이다. 우리는 스마트폰을 이용해 언제 어디에서든 필요한 정보를 검색하고 저장하며 다른 주체와 공유할 수 있다.

현재까지의 흐름을 볼 때, 통신 기술의 중요성은 미래에 더 중요해질 것이 자명하다. 이 점에서 3G, 4G, 5G 같은 데이터 통신망 발전단계 역시 휴대폰의 발전단계에 국한해서 이해할 것이 아니라 좀 더 본질적인 부분을 집중해서 바라볼 필요가 있다. 이동통신은 사용자가 단말기를 통해 장소에 구애받지 않고 자유롭게 이동하면서 음성통화나 데이터 등을 이용할 수 있는 통신 시스템을 말한다.

이동통신은 5세대로 진화 중이다.

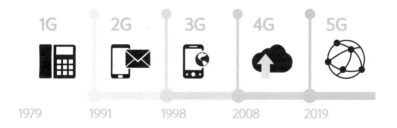

1G : 1980년대, 음성통화만 가능한 최초의 이동통신

2G : 1990년대, 문자 전송 서비스 가능

3G : 2000년대, 문자, 음성을 포함해 동영상, 화상통화 가능 인터넷 이용 가능

4G : 2010년대, 위성망, 무선 랜, 인터넷 망을 모두 사용 가능, 3G 대비 빠른 속도

5G : 2020년대, 16B를 10초 안에 내려 받는 시대, 4G 대비 빠른 속도, 사물 인터넷, 인공지능, 가상현실 가능

1세대는 아날로그 방식으로 신호를 전달했으며, 음성통화만 가능했다. 국내에서는 한국이동통신SK텔레콤의 전신이 AMPSAdvanced Mobile Phone System기술을 채택하면서 이동통신 서비스가 개시되었다. 일명 벽돌폰으로 불리는 모토로라 다이나택이 국내에 처음 들어왔다. 이후 본격적인 휴대전화 서비스는 1988년 삼성전자가 SH -100이라는 카폰을 내놓으며 이루어졌다. 하지만 당시의 휴대폰은 통화가 도달되지 않는 지역이 많았고 혼선도 잦아 이동통신의 대중화가 이루어지지 않았다.

2세대에 와서는 디지털 방식으로 신호를 전달할 수 있게 되어 음성통화는 기본이고 문자 메시지 기능, 카메라기능, MP3 기능, 이메일 기능이 탑재되었으며 휴대폰의 크기는 이전보다 작아

졌다. 이때부터 손가락으로 모바일 기기를 두드리는 모습이 흔해졌다.

3세대부터는 기존의 디지털 전송 방식을 유지하면서 데이터 전송 속도가 급격히 증가했다.

USIM칩이 등장했고, 영상통화와 인터넷 이용이 가능해졌다. 애플의 아이폰과 삼성의 갤럭시폰 등으로 대표되는 스마트폰이 대중화되었다.

4세대는 3세대 대비 데이터 전송 속도가 더욱 빨라졌으며 모바일 애플리케이션이 유선 인터넷 서비스를 대체하는 수준에 도달했다.

5세대는 4세대보다 방대한 데이터를 초고속으로 전송하고 모든 것을 초저지연으로 초연결한다. 5G는 기존 4G를 대체하면서 우세해지고 있다. 국제전기통신연합ITU에서는 5G의 수치적 특징을 다음과 같이 정의했다.

5G의 수치적 특징

* 초고속 : 4G 대비 20배 빠른 전송 속도

* 초저지연 : 4G 대비 10분의 1 수준

* 초연결 : 4G 대비 100배 높아진 전송 가능 트래픽과 함께 단위

   면적1km²당 접속 가능 기기 100만 개

7

5G는
초고속성, 초저지연성,
초연결성을
특징으로 한다

5G는 가상현실, 사물 인터넷, 인공지능, 빅데이터 등과 연계하여 스마트 공장, 원격의료, 무인배달, 클라우드, 스트리밍 게임까지 다양한 분야에서 엄청난 변화를 일으킬 것이다. 5G는 대체 어떠한 잠재력을 가지고 있는 것일까? 5G의 강점은 다음과 같이 초고속성, 초저지연성과 초연결성으로 설명할 수 있다.

사물 인터넷을 활용한 일상생활

초고속성

5G가 활용되면 고해상도의 영화를 10초 안에 다운로드할 수 있고, 해상도가 높은 영상이나 사진은 실시간 수준으로 주고받을 수 있게 된다. 왜 5G는 4G보다 초고속일까? 그것은 5G가 4G보다 주파수 대역폭이 넓기 때문이다. 대역폭이란 신호를 전송할 수 있는 주파수 범위_{주파수의 최대값 – 최소값}를 말한다. 대역폭의 넓이가 선송 속도와 관련이 있다. 이는 도로에 차선이 많을수록 한꺼번에 더욱 많은 차량이 통행할 수 있는 것에 비유할 수 있다. 지나가야 할 차가 많은데, 차선이 2개밖에 없다면 도로는 곧 정체되고 말 것이다.

초저지연성

5G는 데이터가 사용자 단말기에서 기지국으로, 그리고 다시 단말기로 가는 데 소요되는 시간을 4G 대비 1/10 수준으로 단축할 수 있다. 이러한 초저지연성을 자율주행차나 로봇 원격제어 등 실시간 반응이 중요한 분야에 활용할 경우 막대한 효과를 거둘 수 있다. 예를 들어, 사람의 개입 없이 주행하는 자율주행차가 도로 위의 위험을 감지하고 판단하기까지의 시간이 지연된다면 탑승자나 보행자는 매우 위험한 상황에 처하게 될 것이다. 5G에서는

응답속도가 10배 이상 빠르기 때문에 사고확률은 크게 줄어든다.

초연결성

단위 면적당 연결 가능한 기기의 수가 급증했다는 것은 무엇을 의미할까? 이는 단순히 좁은 공간 내에서 더욱 많은 사람에게 통신 서비스를 제공할 수 있음을 의미하지 않는다. 최대 연결 기기 수 증가의 진정한 목적은 사물 인터넷의 구현에 있다. 2세대, 3세대, 4세대가 휴대폰과 연결하는 통신망에 불과했던 반면, 5G는 휴대폰의 영역을 넘어 모든 전자기기를 연결하는 기술이다. 사물 인터넷을 이용해 우리 주변의 많은 사물이 인터넷에 연결되고 있다. 5G는 그 연결을 지원한다.

추후 사물 인터넷이 더욱 발전하게 되면, 생활 속의 모든 사물들 간 대규모 통신연결이 이루어질 것이고 이는 자연스럽게 더욱 많은 데이터를 발생시킬 것이다. 이때, 5G는 대규모 통신연결로 인해 발생하는 방대한 양의 데이터들을 신속하게 처리할 수 있다. 5G는 강점인 초저지연성과 초연결성을 통해 가상현실, 사물 인터넷, 인공지능, 빅데이터 등과 연계하여 스마트 공장, 원격의료, 무인배달, 클라우드, 스트리밍 게임까지 다양한 분야에서 엄청난 변화를 일으킬 것이다.

그동안 이동통신은 대략 10년을 주기로 변화를 거듭해왔는데, 1980년대에는 1세대 서비스가, 1990년대에는 2세대, 2000년대는 3세대, 2010년대에는 4세대 서비스가 시작되었고, 2020년부터 5세대 서비스가 본격적으로 시직되었다. 이를 통해 볼 때, 2030년대에는 또 다른 변화가 있지 않을까를 기대해본다.

8

정보와 데이터는
무엇이고
어떻게 다른가?

우리는 일상에서 정보와 데이터라는 말을 혼용해서 쓰는 경향이 있다. 그래서 각각의 개념을 어렴풋이 알고 있지만, 막상 구체적으로 설명해보려고 시도하면 입이 잘 떨어지지 않는다. 과연, 정보Information와 데이터Data는 무엇이고 대체 어떠한 차이가 있는 걸까?

비유적으로 설명하면 딱 와 닿을 것이다. 데이터가 원석이라면 정보는 보석에 비유할 수 있다. 보석 가게에 진열된 아름다운 보석들은 다듬어지기 이전에 모두 거친 원석이었다. 마찬가지로 데이터가 아무리 많아도 그 자체로는 의미가 없다. 데이터를 다듬고 처리해야 유용한 정보가 될 수 있다. 여기서 '다듬고 처리한다.'는 컴퓨터가 하는 역할이다. 컴퓨터는 데이터를 분석하여 정보를 추출한다. 데이터란 현실 세계에서 수집된 관찰값으로, 가공되지 않은 날 것의 상태를 말한다. 그 본질을 살려 전달하기 위해 데이터를 미가공 데이터라고 표현하기도 한다.

예를 들어, 설문조사로 얻은 후보의 선호도, 마트의 POS 시스템에 기록된 매출 정보, 습도계로 측정한 습도 등이 미가공 데이터이다. 만약 마트의 POS 시스템에 기록된 매출액을 토대로 매출량 변화 추이를 뽑아낸다면 그것은 데이터를 가공한 것이므로 정보라고 할 수 있다. 다만 여기서 주의할 점은 데이터와 정보는 상대적으로 구분되는 개념이지 절대적으로 구분되는 개념이 아니라는 것이다. 미가공 데이터를 가공하여 정보를 만들었다고 해도, 이 정보는 또 다른 새로운 정보를 생성하기 위한 데이터가 될 수 있다.

정보란 실제 문제의 해결에 도움이 될 수 있는 형태로 다듬어지고 정리된 자료를 말한다.

정보의 종류는 교통, 날씨, 음식점에 대한 정보부터 군사기밀정보, 주식정보까지 매우 다양하지만, 다음과 같이 이를 모두 관통하는 4가지 주요 특성이 있다.

정보의 4가지 특성

적시성	정보는 필요한 시점에 제공되어야 의미가 있다. 우리는 내일 날씨에 대한 정보를 미리 받아야 외출 전에 우산을 챙기거나 옷을 더욱 따뜻하게 입는 등 준비를 할 수 있다.
공공성	한 사람 또는 소수에게만 유용한 정보보다는 많은 사람에게 유용한 정보가 더욱 높은 가치를 갖는다.
개별성	같은 정보라도 그것을 받아들이는 주체에 따라 가치가 달라진다. 아파트 매매가에 대한 정보는 공인중개사나 부동산 거래에 관심이 많은 사람에게 큰 가치가 있는 정보이지만 그렇지 않은 사람에게는 그다지 큰 가치를 갖지 못한다.

활용성	제아무리 유용한 정보라도 정보는 활용해야 그 의미가 있다. 곧 주가가 오를 것이라는 정보를 입수했어도 주식을 매수하지 않고 가만히 있는다면 그 정보는 가치를 상실하게 될 것이다.

데이터와 정보를 구분하는 기준은 의사결정에 도움을 줄 수 있는지에 달려 있다. 즉, 정보는 특정 상황, 특정 주체에게 필요한 형태로 가공된 데이터를 말한다. 실생활에서 일반인들은 데이터와 정보라는 개념을 구분 없이 사용하는 경우가 많지만, 미래의 전략을 세워야 하는 기업이나 국가기관으로서는 엄격히 구분하여 사용한다.

9

데이터 마이닝하는 방법은 무엇인가?

데이터를 가공하여 유용한 정보를 만들어 내는 것을 데이터 마이닝Data mining이라고 한다. 마이닝mining은 '채굴'을 의미한다. 광산에서 광물을 채굴하듯, 겉으로는 보이지 않는 데이터 간의 상호 관계를 분석함으로써 데이터들 속에 숨어 있던 새로운 정보를 채굴한다는 것이다. 데이터 마이닝 방법론들은 인공지능 빅데이터 분석의 가장 기본이 되고 있으며 최근에도 많이 쓰이고 있기 때문에 필수적으로 익혀야 한다.

데이터 마이닝 방법론을 카테고리로 나누면 다음과 같다.

분류(Classification)	데이터를 미리 구분된 일정한 집단으로 분류한다.
군집화(Clustering)	전체 데이터를 구체적인 특성을 공유하는 군집들로 나눈다. 군집화는 미리 정의된 특성에 대한 정보를 가지지 않는다는 점에서 분류와 다르다.
연관성(Association)	동시에 발생한 사건간의 관계를 정의한다.
예측(Forecasting)	데이터집합 내의 패턴을 기반으로 미래값을 예측한다.
이상치 탐색(Outlier)	패턴에 벗어난 데이터를 찾아낸다.

분류 모델

분류 모델은 데이터를 미리 정의된 몇 가지 클래스 중 하나로 분류한다. 은행 대출에서 고객의 데이터를 기반으로 안정성을 평가해서 대출 허가/대출 불허가로 분류하는 게 대표적인 예가 될 수 있다. 메일함에 자동으로 분류되는 스팸 메일도 스팸/비스팸 메일 여부를 알고리즘이 자동으로 분류한 예이다. 이외에도 사기 여부 판별, 양품/불량품 판별, 신용등급 예측, 뉴스 주제 분류, 리뷰 감성 긍정/부정 분류 등이 있다.

군집화

군집화는 데이터 집합을 다수의 그룹군집으로 쪼개는 작업을 말한다. 하나의 군집 안에 포함된 대상은 유사성이 매우 높으며, 다른 군집의 대상과는 비슷한 점이 없다. 영어 표현인 클러스터링 분석으로도 많이 명명되곤 한다. 핵심은 유사성을 측정하는 방식이다. 이 유사성은 데이터의 속성값을 통해 계산하는 데 주로 거리 측정법을 사용한다. 거리 측정법도 여러 개로 나뉘는데 대표적으로 유클리디언 거리, 마할라노비스 거리, 민코스키 거리, 코사인 유사도 등이 있다. 꼭 어떤 거리 측정법이 좋다는 것은 아니지만 데이터의 특성에 따라 주로 많이 사용하는 거리 측정법이 있다.

군집분석

군집분석은 시장조사 시 비슷한 고객데이터들을 묶어서 세분화할 때 사용되곤 한다. 이렇게 세분화 된 고객 군집들에 각기 다른 맞춤형 마케팅 전략을 펼칠 수 있다. 또는 가짜뉴스, 스팸 필터 기능에 쓰이기도 한다. 즉 가짜뉴스, 스팸메일들 데이터를 대상으로 군집분석을 수행하고 새로운 데이터가 나타났을 때 기존 군집에 포함되면 가짜뉴스, 스팸으로 필터링하는 방식이다. 비슷한 방식으로 웹사이트에서 악성 트래픽을 차단하거나 사기/이상 징후 패턴도 군집분석으로 측정할 수 있다.

텍스트 문서도 군집분석이 많이 활용되는 대상이다. 대량의 문서 ex: 온라인 뉴스에서 원하는 주제들만 모아서 문서를 보고 싶을 때 군집분석이 자주 활용된다. 군집분석은 분류 모델과 다르게 정답 라벨링이 없다. 즉 유사한 데이터가 모인 군집이지만 이 군집이 무엇인지는 명확하게 알 수 없다. 따라서 분류 모델에 비해서는 다소 정확도가 떨어질 수 있지만 정답 라벨링 데이터가 없는 상황에서는 유용하게 사용할 수 있다.

연관성 분석

연관성 분석은 장바구니 분석으로도 불린다. 쉽게 말해서 서로 연관이 되는 항목들을 알고리즘을 통해 추출하는 것이다. 최근에 PC와 디지털 카메라를 구매한 고객과 대화를 나눈다고 하자. 해당 고객에게 다음에 어떤 물건을 구매하라고 추천하겠는가? 과거에 PC와 디지털카메라를 구매한 고객들이 많이 산 다른 제품을 추천해주면 좀 더 추천이 정교해질 것이다. 연관성 분석은 대형 슈퍼마켓에서도 자꾸 쓰는 방법이다. 예를 들어, 철분 식품을 어떤 여성이 많이 구매했다면 그 여성이 임신했을 확률이 높다고 보고 유아 상품 할인쿠폰을 발행해주곤 한다. 과거 데이터 기반으로 분석했을 때 '철 성분 식품 & 여성 => 임신'과 연관이 높기 때문이다.

예측

예측은 분류분석과 유사하나 미래의 값을 예측한다는 점이 조금 다르다. 즉 데이터의 흐름을 분석하고 이를 토대로 향후의 변화를 예측하는 데 이용한다. 대표적인 예로 주가 예측, 부동산 가격 예측, 소비자 수요 예측, 기업 부도 예측, 범죄 발생 위험 예측 등이 있다. 예측에는 분류분석에 쓰였던 알고리즘이 비슷하게 쓰일 수 있다.

이상치 탐색

이상치 탐색은 마치 다른 매커니즘으로 생성된 것처럼 나머지 데이터들로부터 멀리 뚝 떨어져 있는 데이터를 찾아내는 기법이다. 이러한 데이터를 주로 영어 표현을 써서 아웃라이어라고 말한다. 신용카드사 입장에서 고객을 보호하려면 일반적인 경우와 확연히 다른 카드 사용 기록에 특별한 관심을 기울여야 한다. 만일 평소 카드 소유주가 사용하던 것보다 훨씬 많은 비용의 결제가 있었거나 소유주가 살고 있는 곳에서 아주 멀리 떨어진 곳에서 결제되었다면 아웃라이어라고 의심해보아야 한다. 이러한 구매 내역을 발견했을 때에는 곧장 카드 사용자에게 연락해서 확인해야 한다. 실제 국내 카드사에서 시행하고 있는 제도이다. 이상치 탐색은 사기 적발 이외에도 산업 재해 감지, 이미지 프로세싱, 보안 등에 사용될 수 있다.

데이터 마이닝 시 가장 중요한 단계가 데이터 전 처리 또는 데이터 정제 단계이다. 데이터 마이닝 알고리즘을 수행하기 전에 데이터를 이쁘게 정제한 후 모델링에 적용해야 하는데 이 정제과정이 꽤나 까다롭고 노가다성 작업을 요구한다. 또한 모두 프로그래밍언어로 해야 하기 때문에 코딩 능력도 꽤 많이 요구된다.

데이터 전 처리는 데이터 클리닝 결측치 제거, 잡음 데이터 평활, 이상치 제거, 통합_{로그파일 통합, 데이터 형식 통일}, **변환**_{정규화, 집합화, 요약, 계층 생성}, **축소**_{요약축소, 샘플링,} 이산화, 특징 추출 등이 있으며 데이터와 분석 목적에 따라 인공지능 개발자의 재량이 개입된다. 인공지능 개발자의 인사이트가 필요한 항목이고 시간도 가장 많이 소모되는 부분이다.

데이터 전 처리 후 데이터 마이닝 알고리즘을 적용하여 결과가 나오면 이를 해석해야 한다. 단순히 통계수치 몇 개를 보여주면 아무런 의미가 없다. 이를 해석하고 리포트화해서 의사결정자에게 제안을 제시해야 한다. 이때에 적절한 시각화 기법을 사용하면 더욱 효과가 좋을 것이다. 그리고 이렇게 해석해서 나온 결과를 우리는 정보라고 한다. 드디어 우리가 사용할 수 있는 의미 있는 무언가가 된 것이다. 그리고 그 정보가 축적되고 체계화되어 즉시 활용될 수 있는 수준에 이르렀을 때 이를 지식이라고 한다. 그리고 그 지식이 직관화 되어 더 높은 경지에 이르면 이를 '지혜'라고 부른다.

10

클라우드 컴퓨팅과
엣지 컴퓨팅

우리는 인류 역사상 유례가 없는 데이터 폭증 시대에 살고 있다. IT 시장 분석 기관 IDC에 따르면 2018년 기준 33ZB Zeta Bite였던 전 세계 데이터 생산량이 2025년에는 175ZB에 이를 것으로 전망하고 있다. 데이터는 분명 4차 산업혁명 시대의 원유이지만, 끊임없이 쏟아지는 방대한 양의 데이터를 어떻게 관리하고 처리해야 할까? 이에 따라 주목받는 기술이 바로 클라우드 기술이다.

클라우드 컴퓨팅이란 인터넷의 서버를 통하여 데이터 저장, 네트워크, 콘텐츠 사용 등 IT 관련 서비스를 한 번에 사용할 수 있는 컴퓨팅 환경을 말한다. 쉽게 말해, 이용자의 모든 정보를 인터넷의 서버에 저장하고, 이 정보를 각종 IT 기기를 통해 언제 어디서든 이용할 수 있다는 개념이다. 언제 어디에서나 필요한 자료를 불러올 수 있는 것이, 마치 여러 장소에서 보아도 동일하게 보이는 구름과 같다고 하여 클라우드라는 이름이 붙은 것이다.

우리는 집에 있는 컴퓨터에서 발표 자료를 만들고 있지만, 그것을 클라우드에 올려놓으면 학교에 있는 컴퓨터에서도 열어볼 수 있다. 이렇게 되면 당신의 컴퓨터가 고장이 나도 데이터가 손상될 염려가 없고, 저장 공간의 제약이 극복되므로 터무니없이 큰 저장장치를 갖출 필요도 없게 되는 것이다.

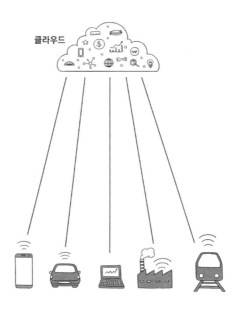

클라우드 컴퓨팅

예전에는 USB가 직장인과 대학생의 필수품이었다. 자신이 만든 발표 자료를 저장하고, 그것을 다른 장소에 있는 다른 컴퓨터에서 열어보기 위해서 USB를 많이 사용했지만, 이제는 USB 메모리를 쓰는 사람이 예전보다 많이 줄었다. 어디에나 존재하는 구름처럼, 인터넷을 통해 어디서든 저장된 정보를 이용할 수 있는 클라우드 서비스가 가능해졌기 때문이다. 하지만 이 클라우드 컴퓨팅도 한계에 부딪히기 시작했다. 인터넷이 발달하면서 너무 많은 양의 데이터들이 쏟아지기 시작한 것이다.

이를 보완하기 위해 개발된 기술을 엣지 컴퓨팅Edge computing이라고 한다. '엣지Edge'는 '가장자리'라는 뜻을 가진 단어이다. 단어의 뜻에서 알 수 있듯 모든 데이터를 중앙 서버가 처리하는 클라우드 컴퓨팅과는 달리, 분산된 소형 서버, 즉 가장자리에서 실시간으로 데이터를 처리한다. 수많은 단말 기기에서 발생하는 데이터를 중앙의 데이터 센터로 보내지 않고, 실시간으로 처리하므로 속도가 비약적으로 향상된다. 데이터 처리 속도가 10배 이상 빨라졌다.

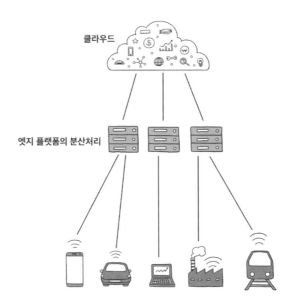

엣지 컴퓨팅

클라우드 환경에서는 중앙에 모인 방대한 데이터를 한 번에 처리하는 과정에서 데이터 부하가 빈번하게 발생했지만 엣지 컴퓨팅은 이를 나누어 실시간으로 처리하므로 과부하 문제가 해결되었다. 실시간으로 데이터를 처리하기 위해서는 데이터가 발생하는 물리적 위치 근처에서 관련 컴퓨팅 인프라를 투입하는 것이 현실적이고, 엣지 컴퓨팅은 각종 기기 근처에 소규모 서버들, 이른바 엣지 네트워크를 배치해 지연시간 문제를 해결하는 데 초점이 있다.

그래서 이 기술은 자율주행차, 스마트 공장 등을 구현하는 데 매우 중요한 역할을 한다. 사물 인터넷, 자율주행차, 스마트 공장 등 디지털 환경에서 실시간으로 데이터를 처리해야 하는 흐름은 계속 확산되고 있는데, 멀리 떨어져 있는 클라우드에서는 지연이 발생하기 때문에 엣지 컴퓨팅이 필요하다. 자율주행차가 상용화되기 위해서는 차량에 부착된 센서들이 주변 상황을 파악해 데이터를 수집하고 도로 위에서 일어나는 모든 변수에 빠르게 대처해야 한다. 이때 데이터수집과 처리를 실시간으로 할 수 있는 엣지 컴퓨팅을 활용할 경우 큰 효과를 거둘 수 있다.

그렇다면 클라우드 컴퓨터 방식은 앞으로 도태될 운명에 처할까?

사실 엣지 컴퓨터 방식으로만 모든 것이 돌아가기에는 한계가 있다. 즉, 클라우드 컴퓨팅의 장점을 취하면서, 단점을 보완하기 위해 개발된 것이 엣지 컴퓨팅이다. 클라우드 컴퓨팅과 엣지 컴퓨팅은 함께 활용할 때 더 큰 시너지 효과를 발휘할 수 있다. 클라우드 컴퓨팅 방식도 나름대로 장점이 많다. 전문가들은 두 기술이 공생하는 방향으로 발전할 가능성이 크다고 보고 있다. 클라우드 컴퓨팅 방식과 엣지 컴퓨팅 방식이 시너지 효과를 낼 수 있는 대표적인 사례는 바로 스마트 공장이다.

지능화 공장인 스마트 공장은 실시간으로 변화하는 공정 상태를 스스로 분석해야 하지만 실시간 수집된 데이터만으로는 품질 불량이나 설비고장과 같은 변수에 대응하는 데 한계가 있다. 오랜 기간 걸쳐 축적된 데이터들이 필요하기 때문이다. 엣지 컴퓨팅은 빠른 피드백이 필요한 서비스에 효율적이고, 클라우드 컴퓨팅은 많은 양의 데이터를 분석해야 할 때 유용하다.

클라우드에서는 최적의 모델을 판단하기 위한 모델링이 진행되며, 판별된 최적의 모델을 엣지단으로 전송한다. 엣지단에서는 제공받은 모델을 바탕으로 설비나 공정에서의 문제를 해결하기 위한 피드백을 제공하며, 실시간으로 추론을 진행한다. 엣지에서는 모델이 현재 상황에서 최적인지를 판단하고, 필요한 경우 최적의 모델을 다시 클라우드에 요청하는 과정을 반복한다. 이렇게 지능화된 공정이 이루어지는 것이다.

11

플랫폼은
왜 강력한 무기가
되는가?

플랫폼platform이란 대체 무엇일까? 사실 플랫폼이라는 말은 굉장히 다양한 의미로 사용되고 있는 용어이다. 플랫폼이라는 용어는 본래 16세기에 생성되었고 예술, 공연을 위한 무대나 비즈니스 공간을 지칭해왔다. 오늘날엔 우리가 지하철을 타고 내리는 승강장도 플랫폼이라고 부른다. 승강장 주변에는 언제나 인산인해를 이루고 있으며, 그 주변에는 광고가 존재한다. 사람이 많이 몰리

아날로그 플랫폼

는 곳은 수익 창출의 가능성이 큰 곳임을 의미한다. 우리가 지하철을 타기 위해서는 플랫폼이라는 거점을 거쳐야 한다. 그곳에서는 무수한 거래가 오간다. 이런 의미에서 사람들의 수요와 공급이 만나는 그 공간을 플랫폼이라고 한다. 플랫폼은 이제 비즈니스 전략의 새로운 수단으로 급부상하고 있다.

주체마다 플랫폼에 대해 조금씩 다양한 정의를 내릴 수 있지만, 플랫폼의 속성과 본질을 조금만 생각해보면 결국 하나로 통함을 알 수 있다. 즉, 플랫폼이란 시스템을 구성하는 기초적인 틀, 골격을 의미한다. 다양한 상품을 생산하기 위해 사용하는 공통적인 기본구조를 지칭하기도 한다. 오늘날엔 '플랫폼'이라는 단어가

디지털 플랫폼

다양한 분야에 적용할 수 있는 보편적인 개념으로 확대되었으며 이제 그 개념이 IT 영역으로 넘어온 것이다.

IT 영역에서 플랫폼 서비스란 운영체제를 빌려 쓰는 방식을 말한다. 구글의 앱 엔진, 아마존의 EC2, 마이크로소프트사의 애저Azure 등이 대표적인 플랫폼 서비스 상품이다. 구글, 페이스북, 애플, 아마존 등 일명 인터넷 혁명을 주도하는 4인방이 자신들만의 강점을 가진 플랫폼을 통해 절대 강자로 자리를 굳히고 있다.

그렇다면 왜 기업들은 플랫폼 개발에 열을 올리고 있을까?

그것이 왜 강력한 무기가 되는 것일까? 이는 지렛대 효과와 네트워크 효과로 설명할 수 있다. 지렛대는 작은 힘으로 무거운 물건을 들어 올릴 수 있게 도와주는 도구이다. 이를 지렛대 효과라고 하는데, 플랫폼도 마찬가지이다. 제품의 개발과정에서 고객의 다양한 니즈를 고려하는데, 공용화 가능한 부분을 중심으로 한 번 플랫폼을 개발해두면 그 틀 위에서 조금씩 변화를 주어가며 고객의 다양한 니즈에 대응할 수 있게 된다. 세계화와 정보화로 인해 기업 간 경쟁은 심화되었으며 소비자의 욕구 다양화는 제품 수명주기를 단축시켰다.

기업은 이제 변덕스러운 소비자의 욕구를 신속하게 따라잡지 못하면 생존이 어렵다. 어떠한 상황에서도 적용할 수 있는 적절한 플랫폼을 개발하거나 공유하게 되면 제품 생산과 개발에 있어

시간과 비용을 대폭 감소시킬 수 있다. 상품이나 시스템을 개발할 때 이전에 개발된 것을 일부 개선해 반복적으로 사용할 수 있다면 해당 기업은 산업 내에서 고객을 고착화할 수 있고 주도권을 확보하게 된다. 플랫폼은 제품 자체뿐만 아니라 제품을 구성하는 부품이 될 수도 있고 다른 서비스와의 연계를 도와주는 기반 서비스나 소프트웨어 같은 무형의 형태도 포괄한 개념이다. 플랫폼은 공통의 활용 요소를 바탕으로 본연의 역할도 수행하지만, 보완적인 파생상품이나 제품과 서비스를 개발 및 제조할 수 있는 기반이다.

또한 플랫폼은 네트워크 효과를 제공한다. 지하철 승강장의 예처럼 플랫폼은 수요자와 공급자, 개발자와 사용자를 연결해 원하는 것을 주고받을 수 있도록 한다. 우리는 스마트폰에서 원하는 기능을 보충하기 위해 앱스토어에서 앱을 다운받는다. 이처럼 우리는 우리가 원하는 것을 더욱 편하게 얻고 싶어 한다. 이는 앱스토어를 통해 자신의 제품을 홍보하는 개발자를 더욱 늘려나갈 것이며 해당 앱을 다운로드하는 사용자가 늘어나고 다시 개발자의 참여를 증대시키는 순환을 가져오게 된다.

12

전자화폐란
무엇인가?

돈! 하면, 당신은 어떤 이미지가 먼저 떠오르는가? 혹시 지폐와 동전을 먼저 떠올렸는가? 하지만 한국은행의 발표에 따르면, 지급수단으로서 동전이나 지폐를 사용하고 있는 경우는 10%가 되지 않는다고 한다. 90% 이상은 신용카드 거래처럼 컴퓨터에 기록된 숫자에 의한 거래가 주를 이룬다. 현재는 전자화폐가 발달하여 점차 확대되고 있는 추세이다. 왜 사람들은 지폐나 동전을 사용하지 않고 점차 카드를 비롯한 전자화폐로 옮겨가는 것일까?

알고 보면 화폐의 역사는 더욱더 편리한 지불수단을 개발해 가는 과정이었다. 과거의 인류는 조개를 가치 저장과 교환 수단으로 활용하였다. 조개껍데기가 곧 화폐였던 셈이다. 이것이 점차 금·은·동의 금속으로 대체되고, 휴대의 편리성을 위해 다시 지폐로 바뀌었다. 인류는 가치의 저장과 교환의 수단으로서의 화폐를 더욱 편리한 방향으로 부단히 개발해왔음을 알 수 있다. 현재 우리가 사용하고 있는 지폐 역시, 편리성의 측면에서는 완전한 것이라 할 수는 없다. 많이 사용하고 유통됨에 따라 마모될 수밖에 없으며, 거액의 경우 휴대에 불편함과 위험이 따르게 된다.

이러한 불편을 해소하기 위해 수표가 등장했지만 수표는 소액결제에 따르는 불편이 있다. 이것이 전자화폐가 등장한 배경이다. 전자화폐란 IC칩이 내장된 카드나 공중정보통신망과 연결된 PC 등의 전자기기에 전자기호 형태로 화폐적 가치를 저장했다가 상품 등의 구매에 사용할 수 있도록 하는 전자 지급수단을 말한다. 결제 수단으로서 주화나 지폐가 지닌 속성을 그대로 가지고 있지만, 그것을 전자적인 정보로 변환시킨 것이다. 온라인상에서 이루어지는 모든 종류의 자금거래를 전자화폐라고 할 수 있다.

전자화폐는 가치의 저장과 교환에 따르는 모든 불편함을 해소해준다. 전자화폐를 사용하면, 부피가 큰 지갑을 가지고 다닐 필요도 없고 일상생활의 모든 거래가 IC 카드 하나로 해결되며, 방안에서도 인터넷 쇼핑을 즐길 수가 있다. 보안성 문제 역시 비밀번호를 통해 해결할 수 있으며, 개인 간 거래에 따른 자금 이체도 오프라인 은행을 이용할 필요 없이 가능해진다. 기업은 대금 결제 시 발생하는 기업 간의 사무처리 비용도 대폭 절감할 수 있게 된다.

간편한 화폐가 요구되는 정보화 사회에서 현금을 대신할 전자화폐의 출현은 필연적이라고 볼 수 있다. 하지만 전자화폐가 기존의 실물화폐를 대체하여 통용되기 위해서는 다음과 같은 요건들을 충족해야 한다.

- 복사, 위변조 등을 통한 부정 사용이 불가능할 것.
- 사용의 비밀성이 보장될 것 <small>이용자의 구매나 결제 관련 정보가 추적되지 않아야 함.</small>
- 화폐를 주체 간에 쉽게 주고받을 수 있을 것.
- 사용이 간편하고 관리가 용이할 것.

전자화폐는 화폐적 가치가 어떻게 저장되었는지에 따라 전자지갑, 카드류, 가상화폐로 구분할 수 있다. 전자지갑은 화폐의 가치정보를 독립적인 매체에 저장해 온라인 연결 시 자유롭게 전송할 수 있는 형태로, IC 카드와 휴대단말기를 예로들 수 있다. 카드류는 신용카드와 직불카드를 대표적인 예로 들 수 있는데, 이것들은 그 자체로 화폐의 가치는 없지만, 은행 계좌를 서로 연결하여 결제를 중계하는 방식을 구현한다. 가상화폐는 그 자체로 화폐적 가치를 지닌 것으로 네트워크로 연결된 가상공간에서 전자형태로 사용된다.

가상화폐의 종류로는 발전과정에 따라 이캐시, 넷캐시, 페이미, 몬덱스가 있다. 비트코인과 같은 암호화폐도 가상화폐의 일종인데 은행 등을 통한 중앙관리방식의 가상화폐와 달리 분산 관리 방식을 취한다는 점에서 그 두 개념을 구분하여 사용하기도 한다. 암호화폐는 가상화폐의 한 종류이지만 발행 및 관리를 담당하는 중앙 주체가 없다는 점. 블록체인Block Chain 기술을 기반으로 한다는 점에서 구별된다. 비트코인은 블록체인 기술이 쓰인 가장 유명한 사례이다.

전자화폐의 형태적 분류

형태	특징	예시
전자지갑	화폐의 가치 정보를 독립적인 매체에 저장해 온라인 연결 시 자유롭게 전송 가능	IC 카드, 휴대 단말
신용카드	신용보증을 통한 결제 중계 방식으로, 후불 방식이 기본이며 즉시 거래가 이루어지는 직불 방식도 포함	신용카드
선불카드	제한된 용도로 폐쇄적 환경에서 운영되지만 화폐의 가치를 지님	버스카드, 공중전화카드
가상화폐	그 자체로 화폐의 가치를 지니며 범용성을 지닌 통화 시스템으로 중앙은행이 화폐가치를 통제	이캐시, 넷캐시, 몬덱스
암호화폐	독립된 화폐로서의 가치를 지닌 매체로 다수의 거래 참여자가 동등한 권한으로 분산 통제하는 방식	비트코인

13

비트코인과
블록체인은
무엇인가?

만약 A라는 사람이 B라는 사람에게 돈을 보내주려면 어떻게 해야 할까? 직접 만나서 실물화폐를 넘겨줄 수도 있겠지만 보통은 은행계좌를 통해 이체해줄 것이다. 이 과정에서 A와 B의 중개자로 은행이라는 제3자가 등장하게 된다. A가 B에게 은행계좌를 통해 1만 원을 이체했다면 이때 은행은 그 사실을 은행의 중앙 서버에 저장하게 된다. 문제는 이 중앙 서버가 철통 보안을 유지한다고는 하지만, 해킹될 가능성이 언제나 잔존해 있다는 것이다.

또한 지속적인 보안 유지에도 많은 비용이 소요된다. 만약 은행이 해킹을 당해 A가 B에게 돈을 이체한 내역이 사라진다면 어떻게 될까? 더 나아가 A가 평행 모아둔 돈의 금액이 순식간에 사라져 버리면 어떻게 할까? 해킹이 아니더라도 은행이 순식간에 파산해버린다면 그동안 맡겨놓았던 당신의 돈은 어떻게 될까? 이런 고민들을 하기 시작하면 은행도 완벽하게 안전하다고는 볼 수 없다. 바로 이 문제를 해결하고자 블록체인 기술을 가진 비트코인이 등장하게 된 것이다.

비트코인이란?

나카모토 사토시_{가명이며, 그의 정체에 대해서는 명확히 밝혀진 바가 없다}가 2007년 세계금융 위기 사례를 통해 중앙집권화된 금융 시스템의 위험성을 극복하고자 개인 간 거래가 가능한 블록체인 기술을 고안하였으며 2009년 이 기술이 적용되어 개발된 것이 바로 비트코인이다. 비트코인은 블록체인 기술을 기반으로 만들어진 대표적인 암호화폐로 중앙은행 없이 전 세계적 범위에서 직거래_{P2P} 방식으로 개인들 간에 자유롭게 금융거래를 할 수 있다.

비트코인

비트코인은 블록체인이라는 기술을 통해 작동되는데, 블록체인이란 모든 거래자의 거래 장부를 모두가 공유하는 방식이라고 설명할 수 있다. 이것을 분산형 시스템이라고 한다. A가 B에게 1만 원을 보낸다면 그 내역은 A와 B의 장부에만 기록되는 것이 아니라 동시에 수천 수만 명 이상의 사람들의 장부에 동시에 기록되는 것이다. 따라서 이 내용은 조작될 수도 없고 해킹될 수도 없다. 수천 수만 명의 장부를 모두 조작하는 것은 매우 어려운 일이다.

블록_{Block}은 네트워크에서 발생하는 모든 거래정보가 기록되는 장부로 데이터를 저장하는 단위를 말하며, 여기에는 수많은 사람의 거래내역이 쌓여 있다. 블록이 가득 차면 새로운 블록을 쌓아 내용을 기록하게 하고, 이 블록들을 서로 연결지어 보관한다. 이처럼 블록들이 연결된 형태를 체인Chain이라고 한다. 그래서 이름이 블록체인인 것이다. 블록체인의 핵심은 탈중앙화와 분산 저장이다. 기존의 중앙집중식 시스템에서는 은행의 온라인 뱅킹 거래기록 같은 장부가 중앙 서버에만 보관되기에, 내용의 신뢰성에 대해서는 은행과 같은 중앙의 권위를 믿고 의존하는 수밖에 없었다.

그러나 블록체인은 네트워크를 형성하는 모든 참여자가 데이터를 분산해서 저장하고 사전에 정해진 알고리즘에 따라 작업증명이 이뤄지기에 은행이나 정부 등의 중앙관리자가 필요가 없게 된다. 거래 장부를 공개 및 분산 관리한다는 의미를 살려 블록체인을 '공공 거래 장부'나 '분산 거래 장부'라고 부르는 것이다. 비트코인은 이미 세계적인 관심과 논란의 대상이 되었으며, 지금 많은 사람들이 새로운 금융투자 방식으로 받아들이고 있다. 비트코인 돌풍은 블록체인의 상용화를 의미한다.

비트코인은 기존 화폐에 대한 불신으로 신뢰를 쌓아가고 있다. 대량으로 생산되는 물건은 그 가치가 낮아진다는 것이 경제학의 기본 원리다. 이 원리는 실물화폐에도 적용된다. 화폐도 대량 생산되면 가치가 낮아지게 된다. 하지만 비트코인은 발행량이 2,100만 개로 한정되어 있으며 그 이상으로 발행되지 않는다. 설령 발행량이 늘어날 수 있다고 가정해도 실물화폐의 발행량보다는 제한적일 것이다.

비트코인이 디지털 금에 비유되는 이유다. 금, 다이아몬드, 최고가 예술품은 대량생산이 불가능하다. 때문에 장기적으로 값이 내려가지 않으며, 오히려 증가하는 경우가 많다. 가상화폐는 특정 국가의 화폐가 아니기 때문에 국가 간 전쟁이나 분쟁에 아무런 영향을 받지 않는다는 강점도 있다. 이처럼 기존 화폐에 대한 불신이 비트코인에 대한 신뢰를 더욱 증진시킨다.

하지만 비트코인은 아직까지 기존의 화폐에 비해 신뢰도가 많이 떨어지는 편이기 때문에 정식 화폐로 인정받기 위해서는 상당한 시간이 소요될 것으로 보인다. 비트코인은 변동성이 크며, 어떠한 권력의 개입 없이 작동하는 새로운 화폐를 만들겠다며 등장한 가상화폐이기 때문에 이는 정부나 기존 은행 등 기득권 세력에 의해 제지될 가능성이 높다.

기존 거래 방식

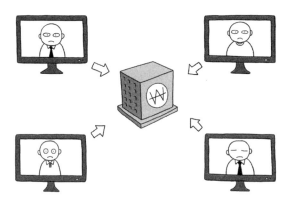

중앙 서버에서 거래 내역을 일괄 관리(해킹 등 보안에 취약하다)

블록체인 방식

거래내역정보를 분산하여 저장 (위변조가 어렵고 투명한 거래내역을 저장)

기존 거래 방식과 블록체인 거래 방식 구분 그림

블록체인은 비트코인을 위해 개발되었지만, 체인에 저장할 수 있는 정보는 다양하므로 가상화폐 이외에도 이를 활용할 수 있는 분야는 광범위하다. 가상통화뿐만 아니라 전자결제나 디지털 인증, 화물추적 시스템, P2P 대출, 상품 이력 및 유통과정 추적, 여론조사와 전자투표, 전자시민권 발급 등에 활용될 수 있다.

특히 블록체인에 기록된 정보는 네트워크 참여자들에게 투명하게 공개되므로, 불투명하고 체계화가 부족한 분야에 적용하면 큰 효과를 거둘 수 있다. 예를 들어, 블록체인을 활용해 기부한다든지, 화물추적, 전자투표, 의료기록 관리, 예술품의 감정 등 신뢰성이 요구되는 분야에 활용될 수 있을 것이다.

블록체인의 활용 분야

분야	내용
전자상거래	아마존, 이베이 등 거래 중개 플랫폼 없는 당사자 간 직접 거래 네트워크 구축
스마트 계약	컴퓨터로 계약 조건 작성 후 블록체인에 저장해 위변조를 막고 자동 강제성 부여
금융상품	금융상품을 블록체인으로 작동화하고 안전하게 관리
저작권보호	영상, 음악 등의 저작권 보호 서비스에 활용
공공 서비스	전자시민권 발급, 전자투표, 부동산 정보 기록 등 공공 서비스에 활용
사물 인터넷	사물 인터넷 네트워크의 데이터 보안, 공유 등을 위한 플랫폼으로 활용

출처 : 한국정보화진흥원

하지만 블록체인도 개선해야 할 과제가 있다. 블록체인에 담긴 거래내역 및 개인정보는 참여자들에게 공개되는데, 그 정보가 개인의 민감한 영역에 해당할 경우 사생활 침해 문제가 발생한다는 것이다. 또한 블록체인을 활용한 가상 통화는 거래 익명성 때문에 보안에 유리하지만, 그 익명성을 악용한 범죄가 일어날 수 있다. 랜섬웨어 범죄가 대표적이다. 사용자 PC에 악성 코드를 감염시켜 중요 프로그램을 인질로 잡은 후 암호를 해제하는 대가로 가상통화를 요구하는 것이다. 가상통화를 이용한 랜섬웨어 범죄는 익명성 때문에 수사기관이 추적하기 어렵다. 가상통화는 거래가 가명으로 처리되고, 시세 차익으로 얻은 소득이 과세 대상에 잡히지 않으므로 조세 도피용으로도 악용될 소지가 크다.

14

포켓몬GO를
왜 증강현실
게임이라고 하는가?

당신은 스마트폰 게임인 '포켓몬GO'를 해본 적이 있는가? 포켓몬GO는 현실의 유저가 현실의 공간 속에서 스마트폰에 나타나는 가상의 캐릭터인 포켓몬을 붙잡는 게임이다. 포켓몬GO는 전 세계적인 열풍을 일으켰으며, 이에 증강현실에 관한 관심이 커지고 있다.

포켓몬GO를 증강현실 게임이라고 하는데, 과연 증강현실 AR:Augmented Reality이란 무엇일까?

증강현실이라는 개념을 설명하기 이전에 먼저 가상현실에 대한 개념을 알아둘 필요가 있다. 가상현실VR:Virtual Reality이란 배경과 환경 모두 현실이 아닌 가상의 이미지를 사용하여 마치 실제의 상황인 것처럼 체험하게 만들어주는 기술을 말한다. 허구의 상황을 마치 실제의 상황처럼 보여주는 가상현실 시스템은 비행기 조종법 훈련, 수술 및 해부 실습, 게임 산업 등 다양한 분야에 적용될 수 있다. 반면, 증강현실은 허구가 아닌 현실 배경에 가상의 정보를 혼합시켜 하나의 영상으로 보여주는 기술이다. 현실과 가상이 혼합되었다는 의미에서 혼합현실MR:Mixed Reality이라고도 한다.

　증강현실 기술은 현실의 사물에 가상의 정보를 융합해 직관적이고 공감각적인 체험을 가능케 하기 때문에 각 분야에 큰 영향을 줄 기술로 각광받고 있다. 이 기술은 현재 여러 분야에 적용되고 있다. 독일의 자동차회사인 메르세데스 벤츠는 부품의 조립에 있어 증강현실을 도입해 작업효율을 높이고 있다. 부품을 조립한 실제 모습과 증강현실로 구현되는 정확한 조립상태를 비교해 오류를 잡아낼 수 있는 것이다.

　최근에는 내비게이션에도 증강현실 기술이 접목되어 매우 사실적인 길 안내가 이루어지고 있다. 교육 분야에서는 교육 내용을 매우 사실적으로 묘사하여 학습자의 직관적인 이해와 지식습득을 돕고 있다. 의료 분야에서는 증강현실 기술을 활용한 척추수술 플랫폼이 국내에서 개발된 바 있다. 증강현실 기술을 활용한 오버레이 그래픽으로 수술 부위를 보다 정확하게 파악해 기존보다 더욱 정교하고 안정적인 수술이 가능해진 것이다.

증강현실 기술은 이렇듯 교육, 의료, 국방, 제조 등 다양한 산업에서 활용될 수 있기에 앞으로의 발전 가능성이 무궁무진하다고 볼 수 있다. 게임산업 분야에서도 많이 적용되고 있는데, 가상현실의 게임은 '나'를 대신하는 가상의 캐릭터가 가상의 공간에서 가상의 적과 대적하는 형태지만 증강현실의 게임은 현실의 내가 현실의 공간에서 가상의 적과 대결을 펼치는 형태이다.

포켓몬GO가 대표적인데, 포켓몬GO는 스마트폰앱을 다운받아 현실 공간을 돌아다니면서 그 화면 위에 나타나는 가상의 포켓몬을 잡는 게임이다. 포켓몬GO는 누적 다운로드가 2억 건을 넘는 등 다운로드 수로 기네스북에 오르기도 했다. 포켓몬GO라는 게임은 단순히 인기라는 관점에서만 흥행한 것을 넘어 게임업계에 큰 반향을 일으켰다. 대부분의 게임이 몰입을 위해 현실과 완전히 단절되는 것과 달리, 포켓몬GO는 증강현실을 배경으로 하기에 게임과 현실이 맞닿아 있다. 게임 도중에 가까운 위치에 있는 다른 플레이어들과 교류하는 것도 물론 가능하다.

포켓몬GO 게임은 기존에 없던 독창적인 기술로 개발된 것이 아니다. 증강현실 기술의 토대 위에 새로운 창조적 아이디어를 입혀 소비자들에게 색다른 경험을 선사하여 폭발적인 반응을 이끌어낸 것이다. 스마트폰 보급 확대로 O2O온오프라인연계비즈니스 모델은 새로운 사업 모델로 대두하고 있으며 우리 실생활과 관련된 수많은 사업 분야로 확대되고 있다. 증강현실, 가상현실 관련 제품을 제조하는 회사들은 새로운 전환기를 맞이하게 되었다. 게임 제조 회사들은 기술개발을 위한 연구개발에만 치중할 것이 아니라 기존의 것에서 실질적인 부가가치를 창출하기 위한 연구를 진행할 필요가 있다.

Chapter 4

상상을
현실로 만드는
인공지능 기술들

1

사물 인터넷이란 무엇인가?

사물 인터넷Internet of Things의 개념은 1999년 케빈 애슈턴Kevin Ashton이 최초로 제안한 개념으로 최근에 등장한 개념은 아니다. 기존 통신의 주요 목적이 사람과 사람을 연결하는 것에 있었다면, 이제는 언제 어디서나 사람과 사물, 심지어 사물과 사물끼리도 통신을 가능하게 만드는 것에 있다. 즉, 초연결사회Hyper-connected society가 도래하는 것이다.

사물 인터넷은 사물 간의 센싱, 네트워킹, 정보처리 등을 인간의 개입 없이 상호 협력하여 지능적인 서비스를 제공해주는 연결망이다. 우선 센서를 통해 온도, 습도, 조도, 열, 연기, 풍량, 풍향, 초음파, GPS, 영상 등을 수집하여 주변 환경의 물리적인 정보를 파악한다. 최근에 나오는 지능형 센서들은 단순히 원시 데이터raw data를 추출하는 기존의 센서 역할을 벗어나 원시 데이터를 가공한 고차원적인 정보까지 수집한다.

그 후, Wi-Fi, 블루투스, LTE 등과 같은 네트워크 기술을 통해 사물 간 데이터 송수신을 한다. 물론 많은 사물과 기기 들이 네트워크를 통해 데이터를 송수신한다고 해서 가치를 만들어내는 것은 아니다. 사물들로부터 얻은 데이터들을 분석하고, 분석한 정보를 통해 사용자에게 가치를 주어야 한다.

이런 의미에서 유무선 네트워크 환경을 기반으로 사람, 사물, 서비스가 서로 지능적으로 연결되어 새로운 서비스 가치를 창조하는 것이 사물 인터넷의 본질이라고 말할 수 있다. 사물 인터넷이 표면적으로는 유무형의 사물들이 다양하게 연결된 것을 의미하지만, 본질적인 면에서는 연결된 사물들이 진일보한 새로운 가치를 창출하여 서비스를 제공하는 것을 말한다.

사물 인터넷 연결망

사물 인터넷은 이미 우리 일상에 존재하며 여러 가지 편리함을 제공하고 있다. 우리는 이 기술로 추운 겨울에 집에 도착하기 몇 분 전에 미리 보일러를 가동시켜, 따뜻한 집안 공기를 맞이할 수 있다. 외출 시 집에 에어컨을 켜놓고 나온 것이 갑자기 생각난다면 어떨까? 장시간 외출할 상항이라면 큰 비용이 낭비될 것이다. 우리는 수고롭게 다시 집으로 발길을 돌려야 할까? 하지만 사물 인터넷 기술을 적용하면 외부에서도 집 내부의 전자기기들을 컨트롤 할 수 있다.

　사물 인터넷은 기본적으로 사물에 부착된 센서를 통해 실시간으로 데이터를 주고받는 기술이다. 사물에 부착된 센서는 온도, 습도, 위치, 모션 등 상황 정보를 수집하며, 유무선 통신 및 네트워크 인프라 기술을 통해 사물이 인터넷에 연결된다. 그러면 우리는 외부에서 집안의 가전제품을 컨트롤 할 수 있게 되는 것이다. 이런 사물 인터넷 기술을 제조업에 도입하면 스마트 공장이 된다. 지금까지의 자동화 기술은 공정별로만 자동화가 이루어져 있어 유기적인 공장관리가 어려웠지만, 스마트 공장에서는 기계들이 공정 과정에서 서로 소통하며 개별적 상황 속에서 생산능률을 향상시킬 수 있는 최적의 대안을 찾아내어 원가를 절감할 수 있게 된다.

2

사물 인터넷과
정보보안 문제

사물 인터넷 시대에는 모든 것이 인터넷에 연결되는 초연결 시대이다. 사물 인터넷은 이미 각 분야에서 혁신을 이끌고 있으며 기업이 아닌 개인들의 삶에도 큰 영향을 미치고 있다. 사물 인터넷은 지금도 대단하지만, 앞으로도 더욱 발전할 것이다. 분명, 모든 것이 연결된다는 것은 곧 새롭고 편리한 서비스의 탄생을 의미한다. 하지만 데이터 이동 과정에서의 취약점이 발생하기도 한다. 사물 자체적으로 결함이 있거나 외부에서 악의적인 사이버 공격을 시도할 경우, 개인정보가 유출되어 사생활 침해 문제가 발생하게 된다. 특히 교통 및 의료분야에 보안 문제가 발생할 경우 생명에 위협을 줄 수 있는 매우 심각한 문제가 발생하게 된다. 기술의 발전도 중요하지만 우리는 그로 인한 부작용을 해결해야 할 과제를 짊어지고 있다.

보안위협 사례

구글 안경 : 시간과 장소에 구애받지 않고 개인의 사소한 정보부터 시작해 은행 계좌 비밀번호 등 중요한 개인정보를 훔칠 수 있다는 사실이 드러났다.

온도 조절기 : 플로리다 대학 연구진은 2014년 보안 콘퍼런스 블랙햇에서 해커가 가정의 온도조절기를 원격에서 제어할 수 있다는 사실을 입증했다.

인슐린 펌프 : 2012년 보안 콘퍼런스 블랙햇에서 보안업체인 가디언은 해킹으로 800m 밖에서 인슐린 펌프를 조작하여 당뇨병 환자의 몸에 치명적인 복용량을 주입할 수 있다는 사실을 입증했다. 해커가 마음만 먹으면 당뇨병 환자의 몸에 주입될 인슐린 투입량 조절할 수 있다는 사실이 드러난 것이다.

사물 인터넷을 구현케 하는 필수적인 기술로 센싱 기술, 유무선 통신 및 네트워크 인프라 기술, 서비스 및 인터페이스 기술이 있지만, 마지막으로 기술 하나를 더 추가해야 한다면, 바로 '보안 기술'이라고 말할 수 있다. 사물 인터넷은 분명 혁신적인 기술이지만 그만큼 위협적인 해킹을 우리에게 오픈하는 것이다. 생활

속 전자기기들이 인터넷으로 연결되면서 해킹 기술도 함께 발전하고 있다.

사물 인터넷이 응용되는 범위가 거의 모든 산업 분야로 확대됨에 따라 각 분야의 모든 단위에서 보안에 대한 대응책을 마련해야 한다. 특히 자율주행 자동차의 조작, 사생활 침해, 의료사고 등은 사물 인터넷의 확산과 함께 대비해야 할 사항이다. 정보보안전문가가 미래의 유망 직업 중 하나로 언급되는 이유가 여기에 있다.

3

스마트 공장

: 다품종 유연생산의 총아

우리는 4차 산업혁명의 개념에 대해 살펴보았다. 세계경제포럼에서 4차 산업혁명을 이슈화한 클라우스 슈밥 회장은 인공지능, 빅데이터, 사물 인터넷, 로봇 공학 같은 기술들이 제조업을 비롯한 전통산업과 융합되는 것을 4차 산업혁명의 핵심이라고 언급한 바 있다. 그런데 가만히 생각해보면 인공지능, 빅데이터, 사물 인터넷, 로봇 공학이 한데 모여 제조업과 함께 융합되는 곳이 있다. 어디일까?

　그곳은 바로 스마트 공장Smart Factory이다. 스마트 공장은 4차 산업혁명 시대를 이야기할 때 절대 빼놓을 수 없는 개념이다. 스마트 공장은 설계·개발, 제조, 유통·물류 등 생산 전체 과정에 정보통신기술ICT을 적용하여 생산성, 품질, 고객만족도 등을 향상시킬 수 있는 지능형 공장을 말한다. 스마트 공장은 4차 산업혁명이 제조업에 주는 메시지 가운데 가장 뚜렷한 특징으로 전체 산업의 혁명을 불러일으킬 것으로 예상된다. 인더스트리 4.0이라는 개념은 사실 독일의 공장에서 처음 등장한 말이다. 스마트 공장이 무엇이고 기존의 공장과 무엇이 다른지를 살펴보자.

기존의 공장의 특징이 자동화라면 스마트 공장의 핵심적인 특징은 바로 지능화이다. '자동화'와 '지능화'는 얼핏 유사한 의미로 다가오지만 두 개념 사이에는 매우 큰 격차가 존재한다. '자동화'와 '지능화'는 대체 무엇이 다른 걸까? 생산시설을 무인화하고 관리를 자동화한다는 점에서 자동화와 지능화는 공통점을 갖는다. 하지만 지능화는 자동화를 포함한 그 이상의 것을 말한다. 지능화는 유연화된 자동화를 의미한다. 유연화된 자동화란 로봇이 인간과 협업을 할 수 있고 고객의 수요에 민감하게 대응할 수 있음을 의미한다.

자동화는 로봇이 일정한 영역 내에서 단순히 명령받은 기능을 수행하는 차원에 머무른다. 인간의 업무 중 단순 반복되는 부분을 로봇이 대신할 수 있는 것이다. 단위 공정별로만 최적화된 수준이기 때문에 전체 공정이 유기적으로 연결되지는 못한다. 자동차 제조를 예로 들면, 엔진을 조립하는 기계와 바퀴를 조립하는 기계는 각자 주어진 일에만 기능을 다할 뿐 서로 유기적인 관계를 형성하지는 못한다. 자동화 공장 내의 로봇들은 능동적인 협업을 하기보다는 각자에게 주어진 일에만 최선을 다할 뿐이다.

이런 자동화 공장은 대량생산에 초점이 맞춰져 있다. 일정 시간 안에 동일한 형태의 제품들을 최대한 대량으로 생산해서 소비자에게 판매하는 형태다. 현재까지의 제조업 대부분이 이 유형에 해당한다. 물론 소비자의 요구사항이 반영된 맞춤형 제품은 지금도 얼마든지 제조할 수 있고, 소비자 역시 이를 구매할 수 있지만 그만큼 더 큰 비용을 지불해야 한다. 일정한 규격에서 벗어난 개인화된 제품을 만든다는 것은 기업으로서도 큰 비용이 들어가기 때문이다.

또한 공장에서 작동하는 로봇들은 대부분 대형이고 부여된 명령에 따라 단순한 동작만을 반복하기 때문에 사람이 부주의하게 다가간다면 부상을 당하거나 심할 경우 생명을 잃을 수도 있다. 그래서 펜스 등 일정한 공간 내에서만 기계가 작동할 수 있도록 하여 안전을 도모하지만, 이는 기계가 작업공간을 많이 차지해서 생산의 효율성을 떨어트리는 문제를 가져온다.

반면, 지능화된 스마트 공장은 공장 내에서 이뤄지는 전체 공정이 유기적으로 연결되어 총체적 관점에서 최적화를 달성할 수 있다. 로봇의 센서들이 주변의 상황 정보를 받아들이고 그 정보를 사물 인터넷, 5G 등 정보통신기술을 통해 다른 기기와 주고받는다. 생산 공정에 있는 모든 기계가 사물 인터넷으로 연결되어 센서를 통해 수집된 정보를 공유하고, 인공지능은 정보를 분석해서 어떤 곳에 어떤 자원을 투입해야 최적의 생산성을 만들어낼 수 있는지 파악한다.

각각의 공정이 데이터를 실시간으로 주고받고 인공지능이 판단하여 총체적으로 운영되기 때문에 수요의 상황에 따라 다양한 제품을 유연 생산할 수 있다. 즉, 지능화를 특징으로 하는 스마트 공장은 소비자의 다양한 니즈를 제품 생산에 반영할 수 있다. 동일한 제품을 대량생산하는 기존의 제조업 형태는 현재 본격적인 4차 산업혁명을 맞이하면서 지능형으로 변화하고 있다. 제조 형태가 지능화되었다는 것은 곧, 개인화된 다양한 제품을 소량 생산하는 시대가 열렸음을 의미한다.

공장 내의 로봇들 역시 크기가 훨씬 작으며 움직임이 정교하다. 기존 공장의 로봇은 주변 환경을 인식하지 못했다. 주변에 사람이 있든, 쇠기둥 같은 장애물이 있든 그저 부여된 명령에 따라 정해진 시간에, 정해진 힘으로 작동할 뿐이다. 그래서 환경적 변수가 생기면 인명 사고가 발생하기도 했다. 그러나 첨단 소프트웨어 기술이 동원된 스마트 공장의 로봇은 주변 환경을 인식하고 정확한 판단에 따라 대응할 수 있게 된다. 이는 인간과 협업을 할 수 있는 최적의 조건을 갖춘 것으로 해석할 수 있다. 지능화된 공장은 최소한의 인력만 유지시켜 인건비를 줄일 수 있고, 로봇들은 인간과 협업을 할 수 있는 형태이다.

이처럼 스마트 공장이란 전 생산 과정에 디지털 자동화 솔루션이 결합한 정보통신기술을 적용해서 생산성, 품질, 고객만족도를 향상시키는 지능형 생산 공장이라고 볼 수 있다.

스마트 공장의 대명사 지멘스 암베르크 공장

지멘스 암베르크 공장이 세계 최고의 스마트 공장으로 평가
받은 비결은 제조업과 ICT 기술의 융합에 있다. 이 공장 내 모든
기계장치는 소프트웨어와 연결돼 있고, 공장에 설치된 1,000여
개의 센서와 스캐너는 제조 공정의 각 단계마다 불량품 생산을
감지해낸다. 독일 최대의 엔지니어링 기업으로 자동차, IT, 운송,
등 다양한 사업을 운영하고 있으며 전자 장비나 제품에서 세계적
인 기술 수준을 보유하고 있다. 지멘스의 최종 목표는 불량률 0%
달성이다.

수만 개의 제품과 설비에는 개별 바코드가 부여돼 있으므로
센서와 스캐너를 통해 기계 이상과 불량품 등을 정확히 감지해낼

수 있으며, 하루 동안 생성 및 저장되는 데이터 수는 무려 5,000만 건에 이른다고 한다. 그야말로 빅데이터다. 빅데이터는 센서를 통해 수집한 생산 데이터를 수집 및 분석하여 최적의 공정을 위해 이 기계가 언제 가동돼야 하고 언제 작동을 멈추어야 하는지를 초 단위로 예측할 수 있다. 기계 이상이나 불량품이 감지되면 그 원인을 파악해 작업자가 원격으로 문제를 해결하도록 만든다. 사람과 기계가 조화롭게 작업할 수 있는 것도 스마트 공장의 특징이다.

이렇게 독일의 인더스트리 4.0의 슬로건을 성공적으로 이뤄낸 지멘스 스마트 공장은 지난 2016년 다보스 포럼에서 4차 산업혁명을 행사 아젠다로 설정하며, 세계적인 관심을 이끌어내는 것에 성공했다. 결국 4차 산업혁명은 제조업과 ICT 기술의 융합에서 촉발되어 그 경계가 무너지고, 새로운 혁신을 일으키는 전환이 사회의 모든 영역으로 확산된다는 것을 보여주는 것이다.

4

스마트 안경
: <드래곤 볼>의
스카우터가
현실화된다면?

세계적인 명작인 토리야마 작가의 <드래곤 볼>에는 스카우터 Scouter 라는 장비가 등장한다. 외형은 안경처럼 귀에 착용하는 형태다. 스카우터의 화면에는 상대방의 위치와 전투력이 표시되며, 다른 동료와 정보를 공유할 수도 있다. 만화 상에서 프리저 군단은 스카우터의 기능에 상당히 의존하고 있는 모습으로 그려진다. 우리가 만화에서 본 스카우터 같은 안경이 현실에서도 만들어질 수 있을까?

드래곤 볼의 스카우터와 구글 글래스

구글은 지난 2012년 구글 글래스를 선보였다. 시험용 제품을 한정판으로 배포한 다음 시장에서 제품판매까지 진행했지만, 완성도가 부족했기 때문에 판매가 중단되고 말았다. 특히 가상현실보다도 증강현실 기술의 발전이 훨씬 더디다. 또한 구글 글래스는 착용한 그 상태로 특정한 동작을 취하지 않고도 상대방에 대한 은밀한 도촬이 가능하고 사진 및 동영상 형태로의 저장이 가능했기 때문에 사생활 침해 문제를 일으켰다.

구글 글래스는 증강현실의 가능성을 확인해준 사례일 뿐 실제로 시장을 개척하는 역할을 하지 못했다. 꽤 오래전부터 제품개발이 이루어져 왔지만, 아직 대중화가 되지 못한 구글 글래스는 특정 전문 분야 용도로 제한되어 판매되고 있다. 디자인 측면에서 봐도 일반 안경처럼 편하게 착용하기에는 다소 부담스러운 디자인이다. 그러나 사람들이 일반 안경처럼 쓰고 다니며 언제든 필요한 정보를 제공받고 공유할 수 있는 스마트 기기는 시간문제일 뿐 분명 상용화될 수 있다.

더구나 2020년에 넘어오면서 증강현실 기술이 크게 개선되었다. 현재 애플이 개발 중인 AR 글래스는 증강현실을 구현할 수 있는 안경 렌즈를 활용해 동작하는 디스플레이가 탑재되며, 아이폰과 연동하여 데이터를 처리할 수 있다. 애플 글래스는 시각적으로 보여주는 것에 집중하며, 데이터 처리는 아이폰이 담당한다. 또한 무선 충전기능까지 탑재될 예정이다. 만화에서처럼 상대방의 전투력을 측정해주진 못하겠지만, 상대방의 현재 위치와 신상정보를 알 수 있으며, 내비게이션 기능과 정보의 공유 및 연락 기능은 이미 실제로 구현되고 있다.

애플 글래스는 구글 글래스보다 더욱 작고 가벼우며 배터리 수명도 개선되었다. 스마트 글래스의 사생활 침해 문제를 해결하기 위해 카메라를 없애고, 대신 라이다Lidar 센서를 장착하는 것으로 대응했다. 아이폰과 연동되기 때문에 프로세서나 GPU를 삭제한 최소한의 장치만을 남긴 소형 디자인이 가능해졌다. 결국, 애플은 스마트 글래스 상용화의 장애 요소였던 사생활 침해와 디자인 문제를 상당 부분 해결한 것이다. 애플 글래스의 출시 시기는 확실하게 예측할 수 없는 상황이지만 2025년 이후일 것으로 예상되며 가격은 한화로 약 60~65만 원 선으로 예상된다.

증강현실이 구현되는 안경을 사용할 수 있다면 이를 적용할 수 있는 분야가 무궁무진하다. 예를 들어, 교육 분야에서는 어렵고 복잡한 작업을 숙련자의 시선에서 3D로 안내해주는 것이 가능해지기에 기존보다 더욱 빠르고 완벽한 직업훈련을 기대할 수 있게 된다. 구글이 2012년 구글 글래스를 선보인 이래 애플 외에도 스냅, 페이스북 등 수많은 기업이 스마트 안경 시장에 가세하고 있다. 우리가 모두 스마트폰을 들고 다니듯, 몇 년 후면 길거리엔 스마트 안경을 착용한 사람들로 넘쳐날 것이다.

5

3D프린터
: 생산과 소비의
경계를 허물다

2D 프린터가 종이 위에 활자나 그림을 인쇄하듯, 입력한 도면을 바탕으로 3차원 입체모형을 인쇄해내는 기계를 3D 프린터라고 한다. 2D 프린터는 앞뒤X축와 좌우Y축만을 이용하여 잉크를 종이에 분사하는 방식으로 디지털화된 파일을 종이 위에 출력하지만 3D 프린터는 앞뒤X축와 좌우Y축에 상하Z축를 추가하여, 입력한 3D 도면을 바탕으로 입체 물품을 만들어낸다.

　제작 단계는 모델링, 프린팅, 피니싱으로 진행된다. 모델링은 3D도면 제작 단계로 주로 3D 스캐너나 3D CAD를 이용한다. 프린팅은 제작된 3D 도면을 이용하여 물체를 만들어내는 단계로 여기에는 적층 방식과 절삭 방식이 있다. 적층 방식은 입체 결과물이 완성될 때까지 2D 구조를 반복적으로 쌓아 올리는 방식이고, 절삭 방식은 큰 덩어리를 깎아내면서 원하는 형체를 만들어가는 방식이다. 마지막 단계인 피니싱은 출력된 입체물을 보완하는 단계로, 거친 표면을 연마하거나 색을 입혀 완성도를 극대화한다.

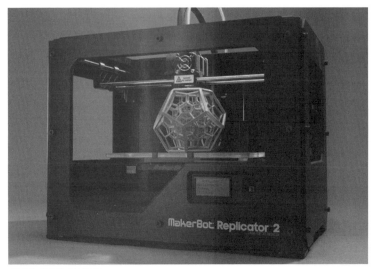

3D 프린터(출처 : 나무위키)

3D 프린터가 세상에 처음 등장했을 때 3D 프린터로 만들지 못하는 것이 없다는 말이 나올 정도로 큰 주목을 받았다. 현재 3D 프린터 기술은 어디까지 발전했을까?

초기의 3D 프린터는 기업에서 상품을 개발할 때 시제품을 만들기 위한 용도로 사용되었다. 초기에는 플라스틱 소재에 국한되었지만, 점차 나일론과 금속 소재로 범위가 확장되었으며 활용 분야 역시 건축, 자동차 제조, 항공기 제조, 의료 분야 등으로 광범위해졌다. 현재 3D 프린팅 기술을 활용해 제작한 인공 뼈, 인공 치아, 인공 관절 등이 신체 일부를 대체하고 있으며, 신체 부위를 교체하는 것 외에도 3D 프린터로 제작한 인체 모형을 통해 의사들에게 효과적인 수술 교육이 이루어지고 있다.

물론, 심장과 간장 등의 인공장기 개발은 해결해야 할 과제가 많이 남아 있지만, 기술이 더욱 발전하면 3D 바이오 프린팅 기술을 이용해 인간의 장기와 거의 동일한 기능을 수행할 수 있는 장기를 제작하여 면역 거부반응 없이 이식할 수 있는 시대가 도래할 것이다.

3D프린터를 이용해 만든 인공 두개골(출처 : 한국생산기술연구원)

3D 프린터를 통해 집을 만드는 것도 어렵지 않다. 기존의 방식으로 주택을 건축하려면 기초공사부터 시작해 지붕을 쌓아 올리기 까지 큰 비용인건비, 원자재비과 시간이 소요된다. 하지만 3D 프린팅 기술을 활용한 자재로 집을 지으면, 주변 환경을 반영한 내진

설계가 가능함은 물론 상대적으로 낮은 비용과 시간을 들여 멋진 주택을 완성해낼 수 있다.

사회적기업 뉴스토리(New Story)가 멕시코 빈민촌에 건설 중인 3D프린팅 주택(출처 : 뉴스토리)

항공기 제조 분야에서는 3D 프린팅 기술을 활용해 부품 개발 및 제조 비용을 낮출 수 있다. 비행기를 설계하고 시험하는 것은 복잡하고 큰 비용이 들어가는 산업이지만 3D 프린팅 기술을 활용해 일회용 부품을 빠르고 비용 효과적으로 설계해 테스트 및 제조를 할 수 있으므로 항공 우주 및 방위 분야의 발전에도 큰 기여를 할 것으로 보인다.

3D 프린터가 제조업의 혁신으로 세상을 바꾸어가고 있다. 누구나 3D 프린터를 가지고 있으면 적은 시간과 비용을 들여 자신

에게 필요한 물건을 뚝딱 만들어내는 것이 가능해진다. 즉, 3D 프린터는 이제 생산과 소비의 경계를 허물 결정적인 역할을 하게 될 것이다. 물론, 3D 프린팅 기술도 대중화 시대를 맞아 제도적 측면의 대비가 필요하다.

3D 프린터는 무한한 상상력을 실현할 수 있는 제작 플랫폼이지만 그만큼 디자인 특허 및 저작권 침해에 대한 문제를 자세히 검토해야 한다. 기술적인 측면에서도 개선점이 존재한다. 제조시간이 길고 기존 공산품보다 표면이 다소 조악하여 별도의 손질을 필요로 하는 등 완성도가 완벽한 수준에 도달하지 못했다. 또한 적층형 방식은 특정 각도에서 가해지는 충격에 취약하다. 압력이나 충격을 많이 감내해야 하는 기계 부품을 대체할 때, 강도가 약한 모형은 사용할 수 없다.

3D 프린팅 기술의 발전을 위해서는 기술적 취약점과 제도적 미비점을 제대로 알고 이를 보완하는 노력이 필수적이다. 앞으로 3D 프린터는 분명 더 빠르고 정교해질 것이며, 다양한 재료를 활용해 시험용 제품뿐만 아니라 최종 제품을 만들어내는 데 더욱 많이 쓰일 것이다. 이젠 기술의 발달로 3D 프린팅을 넘어 4D 프린팅 기술이 주목받고 있는데, 다음 장에서 살펴보자.

4D 프린터
: 하드웨어와
소프트웨어의
경계를 허물다

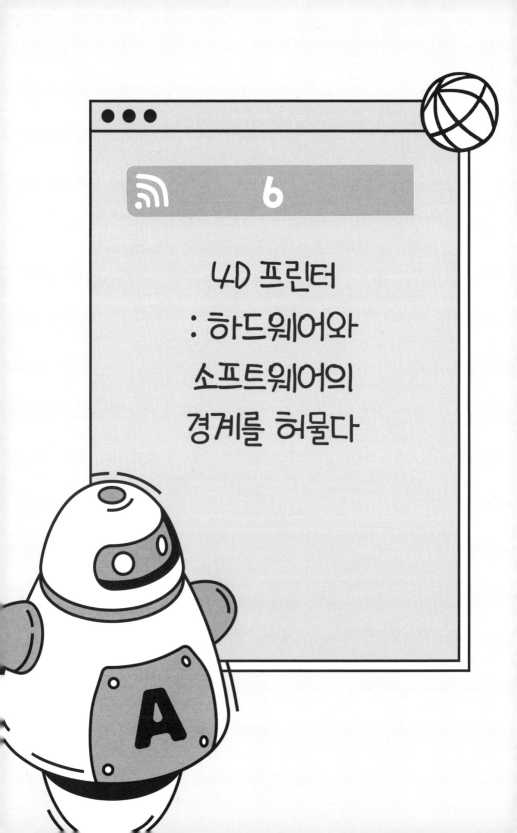

4D 프린터는 무엇이고 3D 프린터와 대체 무엇이 다른 것일까? 4D라는 용어를 놓고 볼 때, 3D 기술에 또 다른 하나의 기술이 더해진 것이 분명한데, 여기서 말하는 4D는 3D에서 '시간'이 추가된 개념이다. 3D 프린팅이 전통적인 2D 평면 프린팅에 '공간'의 축을 더해 실제와 똑같은 입체모형을 만들어내는 기술이라면, 이러한 3D 프린팅에 '시간'의 축을 담아 특정 환경적 조건에서 자신의 형태를 변화시킬 수 있는 3D 구조물을 만들어내는 것이 4D 프린팅 기술의 핵심이다. 형상기억 합금과 같은 스마트 재료를 사용해 3D 프린터로 출력하면, 출력된 물체는 인간의 개입 없이 열, 수분, 빛 등 외부의 조건에 의해 시간이 지남에 따라 형태가 바뀌게 된다. 사물 인터넷이 현실세계와 디지털 가상세계를 연결하듯, 4D 프린팅은 하드웨어와 소프트웨어의 경계를 허물고 있다.

4D 프린팅 = 3D 프린팅의 결과물 + 자가변환기능

4D 프린팅은 외부 조건에 따라 변형이 가능한 스마트 소재를 사용하는데, 조건에 따라 특성이 변한다고 해서 프로그램 가능 물질이라고 불리기도 한다. 스마트 소재는 4D 프린팅 기술의 핵심이기 때문에 각국의 유명 대학이나 기업, 연구소에서는 4D 프린팅을 위한 스마트 소재 개발에 열을 올리고 있다. 물론 형상기억합금이나 형상기억 폴리머 섬유와 같은 첨단소재만 사용 가능한 것은 아니다. 종이, 나무와 같은 소재로도 부분적인 변형이 가능하다. MIT 대학은 물과 만나 팽창하는 물성을 지닌 나무와 종이를 소재로 하여 코끼리의 밑그림을 출력하고 그것을 물에 담가 코끼리 모형을 만들어낸 바 있다.

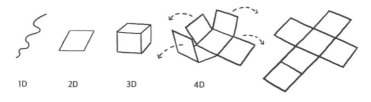

1D   2D   3D   4D

자가변형이 가능한 스마트 소재를 이용해서 제작한 4D

4D 프린팅 기술은 장난감, 게임, 자동차, 의료, 제조, 건설 등 다양한 산업 분야에 활용할 수 있다. 자동차 분야를 예로 들면, 4D 프린팅 기술을 활용해 만든 주요 부품들이 주변 환경에 따라

적절히 변화하여 탑승자 편의를 지원하거나 자동차의 수명을 연장할 수 있는 것이다. 2016년 BMW에서는 4D 프린팅 기술을 적용해 '비전넥스트100Vision Next 100'이라는 콘셉트 카를 선보인 바 있다. 스마트 소재를 적용해 운전 상황에 따라 바퀴의 외형이 바뀌며, 운전자가 숙면을 취하려고 하면 좌석이 자유자재로 수축 및 팽창하여 편안한 침대 역할을 하기도 한다.

2016년 BMW의 컨셉트 카 비전넥스트100(출처 : BMW코리아)

4D 프린팅 기술이 적용되는 신발도 존재한다. 아디다스는 4D 프린팅 기술을 적용한 운동화 알파엣지 4D를 출시했는데, 이제 선수들은 다양한 지형에서도 빠르고 편안한 러닝을 즐길 수 있게 되었다. 카이스트에서는 4D 프린팅 기술을 활용한 깁스를 개발했다. 형상기억 스마트 소재를 활용해 사람 팔보다 굵은 원통형 깁스를 만들었는데, 환자가 이를 착용 후 헤어드라이어 등으로

열을 가하면 환자의 신체 치수에 맞게 깁스 크기가 줄어든다.

아디다스 알파엣지 4D 런닝화(출처 : 아디다스)

7

홀로그램의
원리는 무엇인가?

홀로그램Hologram이란 완전하다는 뜻의 'Holos'와 정보, 그림이라는 뜻의 'Gram'의 합성어이다. 즉, 완전한 메시지라는 뜻을 가지고 있다. 홀로그램은 빛의 세기와 방향 모두 다루는 기술로 이론적으로 3차원 공간상 존재하는 빛 분포를 가장 완전하게 제어하여 물체를 현실 그대로 재현해낼 수 있는 궁극의 기술이다.

우리가 접하는 보통의 사진은 태양이나 조명에 의해 피사체로부터 반사된 빛이 렌즈를 통해 맺어지는 상을 기록하는 것이라면 홀로그램은 3차원 영상으로 된 입체 사진으로 홀로그래피의 원리를 이용하여 만들어진 것이다. 즉, 피사체로부터 반사된 물체파와 아무 정보도 갖지 않는 기준파가 만나 발생하는 간섭무늬를 기록한 것이다.

레이저에서 나오는 광선을 그대로 나누어 하나는 스크린을 비추게 하며 이를 기준광이라고 한다, 다른 하나는 물체를 비추게 한다. 물체광은 물체 표면의 생김새에 따라 물체 표면에서 스크린까지의 거리가 다르게 마련이다. 이때 기준광과 물체광이 간섭을 일으키며 스크린에 저장되는데, 이 간섭무늬가 저장된 필름이 바로 홀

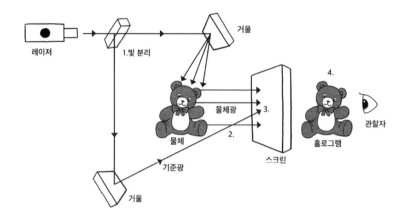

홀로그램이 만들어지는 과정

1.레이저 빛을 빔스플리터로 둘로 나눈다.

2.두 빛 중 하나는 홀로그램을 기록하는 스크린에 직접
  비추고(기준광),나머지 하나는 물체를 비춘 뒤 반사된 빛(물체광)이
  스크린(홀로그래피 감광 필름)에 닿도록 한다.

3.기준광과 물체광이 같은 스크린에서 만나 간섭을 일으키며
  간섭무늬가 스크린에 기록된다. 즉,이 간섭무늬가 물체에 대한
  빛의 상대적인 위상 정보를 담고 있는 것이다.

4.간섭무늬가 기록된 스크린에 다시 기록시 사용된 기준광을 비추면,
  스크린 뒤쪽에 홀로그램이 재현된다.

홀로그램 원리

로그램이다. 물체에 부딪혀 반사되는 물체의 색에 대한 정보와

함께 빛의 간섭현상 때문에 발생하는 빛으로부터 물체까지의 거

리에 대한 정보, 즉 물체의 입체모형 정보를 함께 기록하게 되는

것이다.

　빛을 기록한다는 의미에서 사진과 홀로그래피는 서로 유사하

지만, 사진은 물체의 명암인 진폭만 기록하는 데 반해때문에 사진은 3차
원 물체를 2차원적으로밖에 기록하지 못한다, 홀로그래피는 빛의 세기와 방향 정보
까지 기록하므로 이론적으로 3차원 공간상에 존재하는 빛 분포
를 가장 완전하게 제어하는 기술이다.

홀로그램은 크게 '아날로그 홀로그램', '디지털 홀로그램', '유
사 홀로그램'으로 나뉜다.

아날로그 홀로그램은 사진 촬영을 응용하여 사물의 실제 모
습을 3D 입체 영상으로 찍어내는 기술로 우리 주변에서 가장 흔
히 찾아볼 수 있는 것은 바로 신용카드이다. 신용카드는 위조 방
지를 위해 반사형 홀로그램을 장착하고 있다. 움직임에 따라 무
늬가 다르게 나타나기 때문에 복합기 등으로 복사해도 새카맣게
나타나 위조와 복제가 어렵다.

디지털 홀로그램은 정지된 사물을 3D로 보여주는 아날로그
홀로그램과 달리 3D 입체 영상을 재생하는 기술이다. 우리가 영
화에서 보게 되는 대부분의 홀로그램이 여기에 해당한다.

마지막으로 유사 홀로그램은 '유사'라는 말 그대로 홀로그램
은 아니지만, 홀로그램과 유사한 효과를 만들어내는 기술을 말한
다. 단지 스크린을 사용해 3D 영상을 구현한다는 점에서 진정한
의미의 홀로그램은 아니다. 공연이나 콘서트 등 문화산업에 많이
활용되며 우리가 일상에서 접하는 것들은 대부분 유사 홀로그램

의 한 종류인 플로팅 홀로그램이다.

플로팅 홀로그램은 floating떠 있는과 + Hologram의 합성어로 이 기술은 주로 공연을 위한 무대에서 활용된다. 무대의 천장에 설치된 프로젝터가 무대 바닥에 있는 스크린에 영상을 비추면 영상이 바닥의 스크린에서 반사되어 무대 위 45도 각도로 설치된 포일foil에 맺혀 마치 허공에 사물이 둥둥 떠 있는 듯한 형상을 만들어낸다. 그래서 '떠 있다'라는 의미를 살려 플로팅 홀로그램이라고 한다. 평평한 영상만으로 입체적인 효과를 낸다는 점에서 유사 홀로그램의 일종이다. 플로팅 홀로그램은 특수 안경 없이 생생한 영상을 볼 수 있기 때문에 다양한 공연, 영화, 콘서트 등에 활용되고 있다. 2014년 가수 싸이의 콘서트에서 플로팅 홀로그램이 선보여지기도 했으며, 오래전 고인이 된 가수마이클 잭슨의 공연을 무대 위에 재현해내기도 하여 혁신적인 기술로 평가받은 바

싸이의 홀로그램 콘서트(출처 : KT)

있다.

현재 대용량 영상 전송이 가능한 5G의 발달에 힘입어 텔레프레젠스Hologram Telepresence 기술로 SF영화에 등장한 홀로그램 회의를 어느 정도 구현해낼 수 있는 단계에 이르렀다. 텔레프레젠스Telepresence란 원거리를 뜻하는 텔레Tele와 참석을 뜻하는 프레젠스Presence의 합성어로, 실물 크기의 화면으로 상대방의 모습을 보며 화상회의를 할 수 있는 기술이다. 화상회의를 한 단계 더 발전시킨 기술로, 각자 떨어진 곳에 있는 사람이 마치 같은 공간에 있는 것처럼 참여자들의 모습을 가상현실로 구현해낸다.

8

홀로그램으로
회의하는 날이 올까?

사람은 시각, 청각, 후각, 촉각, 미각 등 오감을 사용해 사물을 지각하고 현실 세계를 탐험한다. 그리고 그 감각기관 중 인간이 가장 의존하고 신뢰하는 기관은 단연코 눈이다. 백 번 듣는 것보다 한 번 보는 것이 낫다는 말이 있듯, 인류에게 있어 시각은 정보를 분석하고 신뢰하는 데 있어 다른 감각기관보다도 특별한 비중을 차지한다.

그래서 기술의 진보는 눈과 밀접한 관련이 있게 된다. 인류는 본능적으로 눈으로 보기에 더욱 편하고 실감 나는 기술을 원한다. 그래서 사진부터 시작해 비디오, 3D 영상, 가상현실VR, 증강현실AR까지 다양한 기술이 개발되어온 것이다. 최근에는 가상현실VR과 증강현실AR이 제법 상용화되었지만, 이것으로 만족하고 끝내기엔 뭔가 아쉬운 감이 있다. 바로 홀로그램Hologram 기술 때문이다. 영화 <어벤져스>와 <킹스맨>을 보면 홀로그램을 통해 화상회의를 하는 장면이 등장한다. 과연 현재의 홀로그램 기술은 어디까지 왔으며, 영화 속의 모습을 어느 정도까지 재현해낼 수 있는 것일까?

    SF영화 속의 홀로그램 장면과 비슷한 시각 효과를 재현해낼 수는 있는 텔레프레전스 기술은 다양한 분야에서 활용되고 있는데, 특히 코로나 19로 비대면 서비스의 필요성이 증가하면서 이 기술을 활용한 원격 강의나 실시간 스트리밍 방식의 원격 세계 여행, 원격 공연 및 예술 작품 감상 등이 실제로 이뤄지고 있다. 2019년 국내 통신사 KT는 플로팅 홀로그램 시스템에 5G 모바일 핫스팟을 연동하여 약 9,500km의 거리 차를 극복하고 미국 LA와 실시간 기자회견을 실현했다. 이는 홀로그램 텔레프레젠스라는 원격 회의의 하나이다.

영화 <킹스맨>의 '홀로그램 회의'를 구현해낸 KT (출처 : KT)

  같은 해에 한양대학교는 세계 대학 최초로 5G와 텔레프레전스 기술을 활용한 '하이 라이브HY-LIVE' 수업을 도입하기도 했다. 수강생들은 교수가 실제 눈앞의 강단에 서있는 것처럼 느낄 수 있었으며, 기존의 수업처럼 질문도 주고받고 토론도 가능했다고 한다.

한양대학교가 개발한 텔레프레전스 기반의 교육모델 하이 라이브(HY-LIVE) (출처 : 한양대학교 한양뉴스)

9

자율주행차
: 인간의 개입 없이
도로 위를 달린다

자율주행차self-driving car란 운전자 개입이 없이 주변을 인식하고, 주행 상황을 판단하여 목적지까지 주행하는 자동차를 말한다. 스마트 자동차와 개념이 혼동될 수 있는데, 사람이 탑승한 상태에서 사람의 개입 없이 스스로 목적지까지 주행할 수 있는 자동차가 자율 주행차라면, 스마트 자동차는 자율주행 기능뿐 아니라 전기, 전자, 통신 기술을 융합한 커넥티드카의 기능까지 포함하는 개념이다. 통신을 통한 연결성을 강조한 스마트 자동차는 자율주행차의 의미까지 포함하는 광의의 개념인 셈이다.

자율주행 시대를 맞이하면 앞으로 우리 삶에 어떠한 변화가 일어날까?

첫째, '이동'이라는 개념에 엄청난 변화가 일어난다. 자율주행이 완전한 수준으로 가능해진다면, 자동차 내부는 단순한 이동을 위한 공간을 넘어 생활을 위한 공간으로 바뀔 것이다.

운전자는 더는 운전석에 고정되어 있을 필요가 없으며, 차내 여유로 여가 시간이 증대되는 효과를 기대할 수 있다. 운전자는 이동 중에 주변의 경치를 감상하거나 동승자와 대화를 주고받을 수 있고, 숙면을 취할 수도 있다.

둘째, 물류에 대한 개념 자체가 변한다. 자율주행 기술을 일반 승용차에 한정되게 생각하지만, 이 기술이 항공기, 배, 드론, 기차 등 세상의 모든 운송 수단에 적용될 수 있기 때문에 그 파급력은 상상을 초월하게 된다. 과거에는 이동 주체인 인간이 물자와 서비스가 있는 곳으로 직접 이동해야 했다. 인간이 직접 물자를 수취하고 목적지까지 찾아가는 방식이다.

차 안에서도 영화도 보고 회의도 가능하네!

하지만 미래에는 자율주행을 통해 물자와 서비스가 스스로 소비자가 있는 곳까지 찾아간다. 이제 물류는 '물건이 스스로 사람이 있는 곳으로 이동하는 것'으로 개념이 바뀌게 될 것이다. 추가로 탱크, 전투기 등에 자율주행 기술을 탑재한다면 전투의 효율성을 높이는 등 방위산업에도 큰 영향을 미칠 것으로 전망된다.

셋째, 완전한 자율주행이 가능해진다면 교통사고가 감소할 수 있다. 자율주행 기술의 핵심 목표 중 하나는 인간이 운전하는 것보다 더 안전한 운전이다. 인간 운전자는 운전실력 미숙, 졸음, 부주의 등으로 인해 도로의 상황을 제대로 파악하지 못할 수 있지만, 자율주행차는 이러한 실수를 하지 않는다. 자율주행차들은 서로 정보를 주고받으며 주행하기 때문에 차대차의 사고는 거의 일어나지 않을 것이다.

넷째, 환경오염을 낮추고 비용을 절감시킬 수 있다.

전지와 수소를 이용하는 자율주행차는 환경 오염도를 낮추는 동시에 유지비용도 절감시킬 수 있는 장점이 있다. 자율 주행차가 충분히 활성화되면 사람들은 이제 차를 소유하기보다는 공유의 대상으로 보게 된다. 사회의 각 주체들은 이동이 필요한 상황마다 자율주행차를 불러 목적지까지 이동하면 되기 때문에, 굳이 차를 소유해야 할 필요를 느끼지 못하게 된다.

완전한 자율주행이 사회, 경제 전반에 있어 얼마나 막대한 변화를 가져올 것인지에 대해서는 더 설명할 필요 없다. 물론 기술의 혜택을 누리기 위해 우리에겐 아직 해결해야 할 과제가 남아 있다. 정보기술의 발전에는 항상 그에 걸맞은 보안기술의 발전이 요구된다. 자율주행차는 컴퓨터 네트워크와 연결되어 운행되기 때문에 해킹에서 벗어날 수 없다. 어떤 사물이든 컴퓨터와 인터넷에 연결되면 해킹을 당할 위험이 존재한다. 더욱이 자동차는 도로 위에 존재하는 모든 주체의 생명에 위협을 줄 수 있는 만큼 자율주행차가 범죄로 악용된다면 인명피해도 발생할 수 있다.

윤리적인 책임 범위 문제 역시 우리가 해결해야 할 과제이다. 운전 중에는 사람의 안전이나 생명과 직결되는 중요한 판단을 내려야 하는 경우가 있다. 그런데 사람도 판단하기 어려운 윤리적 문제를 과연 자율주행차가 판단할 수 있을까? 운전 중 누구 하나가 반드시 다칠 수밖에 없는 상황에 부닥쳐진다면 자동차는 누구의 생명을 살리도록 프로그래밍이 되어야 할까? 윤리적 난제를 해결하지 못하면 기술의 진보 역시 주춤할 수밖에 없을 것이다.

10

자율주행차는
어떻게 작동할까?

자율주행차는 어떻게 도로 상황을 파악하고 목적지까지 주행할
수 있을까? 자율주행차의 동작은 인지, 판단, 제어의 세 단계로
구분된다.

　인지 단계는 사람의 눈에 비유할 수 있다. 차량에 장착된 GPS,
카메라, 레이더Radar, 라이다Lidar, 초음파 센서 등을 이용해서 주변
의 상황 정보를 인식하는 단계이다. GPS로 현재의 위치를 파악하
고 스캐너는 주변의 장애물이나 다른 차량과의 거리와 속도 등을
측정한다. 라이다는 사각지대도 완벽하게 파악할 수 있다.

　라이다는 차량 주변의 각종 상황 정보를 수집하여 차량의 운
행에 필요한 다양한 판단을 내릴 수 있도록 하는 장치다. 하지만
라이다는 카메라보다 비싸며, 전력 소모가 크고, 차지하는 부피
가 크다는 단점이 있다. 이에 따라 테슬라의 일론 머스크는 라이
다 장비에 의존하지 않고 완전 자율주행을 구현할 것이라는 의지
를 밝힌 바 있다.

　판단 단계는 센서로부터 받아들인 정보를 바탕으로 정보를
분석하여 주행전략을 결정하는 단계이다. 자동차가 스스로 주행

하기 위해서는 도로 위의 복잡한 변수에 대한 인지와 판단이 필수이다. 물론 최첨단 센서를 이용해 주변을 파악하지만, 조금이라도 결함이나 미숙함이 있다면 사람의 생명을 해칠 수 있으므로 매우 민감한 문제다. 인지와 판단 기능을 비약적으로 향상시키는 방법으로 딥러닝을 적용하고 있다.

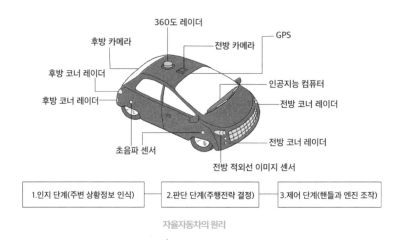

자율자동차의 원리

마지막으로 제어 단계는 인공지능이 판단한 내용을 바탕으로 주행 방향과 엔진 구동 등을 결정하고 본격적인 주행을 시작하는 단계이다. 자율주행에서 핵심 인공지능 알고리즘은 심층 컨볼루션 네트워크이다. 심층 컨볼루션 네트워크는 딥러닝의 일종으로 인간의 시신경 작동 원리를 모방한 컨볼루션 레이어Convolutional neural network를 여러 층으로 중첩하여 사용하는 인공신경망 기술이 영상인식 분야에서 높은 정확도를 보이고 있다. 컨볼루션 레이어 기반의 네트워크를 설계하는 방법에 따라 다양한 인지 결과를 얻을 수 있다.

일반적으로 영상 내에 많은 부분을 차지하는 물체의 종류를 분류하는 데 많이 사용되고, 이 분류 알고리즘을 확장하여 영상 내에 특정 물체의 위치까지 탐지하는 것도 가능하다. 전방에 자동차가 있는지, 사람이 있는지, 표지판이 있는지 알고리즘으로 인식하고 그 물체와의 거리까지 판단하는 것이다.

심층 컨볼루션 네트워크를 학습하기 위해서는 많은 데이터를 필요로 하기 때문에 자율주행차를 개발하는 회사들은 많은 시간 주행 데이터를 취득하면서 학습을 거듭하여 인식 정확도를 높이는 작업에 매진한다. 또한 고화질의 카메라 영상을 이용한 실시간 인지를 수행하기 위해서는 고성능 병렬 컴퓨팅이 가능한 장치를 필요로 한다. 데이터 학습을 위해서는 단순히 영상 데이터뿐만 아니라 사람 운전자의 핸들 각도까지 필요로 한다. 사람이 직접 운전을 하면서 이러한 장면에서는 이정도 핸들을 꺾어야 한다는 것까지 데이터를 수집하여 학습한다. 즉 입력값이 정면 영상 데이터이고 출력값이 핸들 꺾는 각도인 것이다.

11

무인비행장치
: 드론

드론Drone이란 인간 조종사가 비행체에 탑승하지 않고, 인공지능이 탑재되어 자체 환경진단에 따라 자율 비행하는 '무인비행장치'를 말한다. 드론은 지리적 한계, 안전상 이유로 접근하기 어려운 장소까지 자유롭게 비행하고 그곳의 모습을 담을 수 있기 때문에 상당히 활용범위가 넓지만, 초기의 드론은 주로 군사적 목적을 위해 제작되었다. 이는 드론의 탄생 배경을 보면 알 수 있다. 영국에서는 1930년대 초 왕복 가능한 최초의 무인항공기를 만들었는데, 그 무인항공기의 명칭이 여왕벌Queen Bee이었다. 여왕벌은 무인 표적기의 원조이다. 무인 표적기란 대공화기의 사격 연습 표적으로 사용되는 무인기를 말한다.

영국에서 대공포 표적 비행체인 'DH 82B 퀸 비 Queen Bee'의 훈련 모습을 참관하고 영감을 얻은 미국의 해군 제독 윌리엄 스탠리는 본국에 돌아와 여왕벌에 대응하는 표적기 개발을 지시했다. 개발된 이 무인 표적기의 이름을 'Queen Bee여왕벌을 뜻함'에 대응하여 'Drone수컷벌을 뜻함'으로 명명했다고 한다. 이렇게 숫벌이라는 의미를 가진 드론Drone이 탄생했다. 비행 시 모터에서 나는 소리가 마치 벌이 윙윙거리며 나는 소리와 같다고 해서 드론이라는 이름이 붙었다는 설도 있다.

초기의 드론은 미사일 폭격 훈련, 정찰 등 군사용 무인항공기로 사용되었으나 이것이 점차 공공 부문, 건설, 물류·운송, 소방·안전, 환경관측 및 조사, 농업 분야로 확대되어 오늘날에 이른 것이다. 이제는 취미용 드론도 개발되어 상당히 대중화되었다.

드론은 어떠한 원리로 날아다닐까?

드론은 대체 어떤 원리로 하늘을 날아다닐까? 드론의 비행 원리는 양력, 중력, 추력, 항력이라는 4가지 힘으로 설명할 수 있다.

먼저, 드론을 공중에 떠 있게 만드는 힘은 양력이다. 프로펠러의 회전으로 윗면의 공기가 아래로 밀리는 동시에 그 공기가 다시 프로펠러를 위쪽으로 밀게 되면서 작용반작용의 원리뉴턴의 제3법칙로 양력이 발생하는 것이다. 드론은 프로펠러의 형태와 회전수로 양력을 발생시킨다. 이 양력이 중력보다 크다면 드론이 지상에서 위로 올라갈 수 있는 것이다.

드론의 이동은 추력과 항력으로 설명할 수 있다. 공기의 저항으로 인해 작용하는 힘을 항력이라고 하고 추력은 진행 방향으로 움직이려는 힘을 말한다. 추력이 항력보다 강하면 드론은 해당

방향으로 이동하게 된다. 만약 양력, 중력, 추력, 항력의 4가지 힘이 모두 같다면 드론은 제자리 비행인 호버링Hovering을 할 수 있게 된다.

지금까지 양력, 중력, 추력, 항력이라는 물리적 측면에서 드론의 비행 원리를 살펴보았다. 하지만 드론은 비행의 안정성을 확보하기 위해 고도로 자동화된 센서와 유닛 들이 조합된 복잡한 기계장치다. 그 비행 원리를 좀 더 깊게 이해하기 위해서는 그 구성과 기능까지 살펴볼 필요가 있다. 드론은 크게 송신기, 수신기, 센서 그리고 탑재 임무 장비로 구성된다. 드론을 조종하고 제어하기 위해 신호를 보내는 장치를 송신기라고 하며, 그 전파 신호를 수신해 임무를 수행하는 장치를 수신기라고 한다. 아직까지는 조종자의 수동적 명령에 의해 컨트롤되는 수준이지만, 앞으로는 기체의 컨트롤부에 프로그래밍된 제어 정보로 자동 통제되는 방향으로 발전할 것이다.

관성 측정 장치 IMU는 다양한 센서들 가속도 센서, 지자기 센서, 기압계와 고도계로 구성된 통합체이며, 관성 측정 장치는 이들 센서들로 드론의 속도, 기울기, 이동 방향, 고도 정보를 계산해 보정함으로써 안정된 비행을 가능케 한다. 가속도 센서는 비행체의 전후, 좌우, 상하의 움직임을 감지하며, 지자기 센서는 지구의 자기장을 측정해 드론의 진행 방향을 인식한다. 기압계와 고도계는 압력 변화를 이용해 비행체의 고도를 측정한다.

마지막으로 임무 장비는 드론이 의도한 기능을 수행할 수 있도록 드론에 탑재된 다양한 장비를 일컫는다. 농약 살포용으로 드론을 활용하기 위해서는 살포 장치, 펌프, 탱크 등이 탑재되어야 할 것이고, 환경관측 및 조사, 영화 등 영상 촬영을 위한 드론에는 카메라가 탑재되어야 할 것이다.[*]

---

* 유세문, 윤종하(2018), 《드론의 구성 요소와 기능》, 커뮤니케이션북스

정밀측위 기술	GPS를 이용해 정확한 위치를 측정하는 기술로 다양한 센서(가속도, 각속도, 지자계, 기압계)기술을 포함한다.
항법 기술	GPS와 인공지능을 이용해 목표지점으로 자동 이동하는 기술을 말한다.
자세제어 기술	경로를 따라 이동하면서 비행체의 안정성을 유지하는 기술이다.
영상처리 기술	촬영정보를 저장하고 컴퓨터 프로그램을 이용하여 다양한 정보를 추출하는 기술이다.

12

드론은
어떤 분야에
활용될까?

기존 사물 인터넷 센서들이 지상이나 해양에 위치가 고정된 형태로 있는 데에 반해 드론은 필요한 시점에 위치를 옮겨가며 다양한 데이터를 수집할 수 있다. 드론이 공중에서 획득하는 데이터는 인간의 시각을 뛰어넘는 방대한 스펙트럼의 빅데이터이다. 따라서 기존에 수집하기 어려웠던 형태의 데이터를 수집하여 이를 빅데이터 분석 또는 인공지능 학습을 위한 데이터로 활용할 수 있다. 또한 드론 안에 인공지능 모델을 탑재하여 드론이 데이터를 수집하는 그 순간 실시간으로 인공지능 판단을 하며 용역을 수행할 수도 있다. 이러한 기능을 활용한다면 앞으로 드론은 더욱 다양한 분야와 융합되어 복합적인 기능들을 구현할 것이다.

군사용

처음 개발 목적이 군사용이었기 때문에 정찰용 및 공격용 무인기를 활용에 전쟁에 투입할 수 있다.

공공 부문

토지 측량 및 주택 안전 점검, 시설 점검 분야에 드론을 활용할 수 있다. 드론은 현장의 모습을 촬영하여 축적한 데이터를 공공기관에 제공한다.

건설

부지 위에 건물을 지어 올리기 위해서는 현장에 대한 사전 조사 작업이 필요하다. 부지의 모습을 파악해야 이를 기반으로 위험 요소를 확인하여 공사공정을 짜고 공사 물량을 추정할 수 있다. 사람이 수개월에 걸쳐서 해야 할 작업이 드론으로 인해 수십 분 이내로 단축되어, 건설 현장의 공정관리 시간과 비용이 비약적으로 단축된다.

물류 · 운송

당신은 온라인 쇼핑몰에서 물건을 구매하고 30분 안에 그것을 바로 수령할 수 있는 세상을 상상해보았는가? 머지않은 미래가 아니라 이것은 현재 벌어지고 있는 일이다. 아마존은 2013년 세계 최초로 드론 배송 서비스인 아마존 프라임 에어를 선보였다. 드론은 인간이 접근하기 어려운 지역도 쉽게 접근할 수 있기 때문에 기존보다 더욱 짧은 시간 내에 제품을 배달할 수 있게 되었다.

아마존 프라임 에어는 배송용 드론을 이용해 반경 16km 이내에 있는 고객에게 제품을 30분 내로 배달할 수 있다. 국내에서는 우정사업본부가 드론을 활용해 고흥에서 4km 떨어진 득량도에 우편 배달을 성공한 사례가 있다.

소방 · 안전

재난 현장은 위험하기 때문에 구조대원이 직접 확인할 수 없는 부분들이 있다. 하지만 드론을 활용하면 인간이 접근하기 어려운 현장까지 실시간으로 파악해 화재의 규모나 확산 경로 등을 신속하게 상황실에 전달할 수 있다. 이 정보를 바탕으로 기존보다 신속한 구조활동이 가능해진다.

환경 관측 및 조사

기존처럼 비행기를 활용할 경우 연료비용 문제로 비행거리에 제약을 받을 수밖에 없지만 드론은 적은 비용 덕분에 효과적으로 넓은 범위를 관측할 수 있다. 심지어 해양 동물들의 개체수 파악에도 드론이 활용된다.

농업

사람이 직접 종자를 파종하고 병해충을 방제하거나 헬리콥터를 이용하는 것이 기존의 방식이다. 헬리콥터를 사용하면 사람이 직접 작업을 하는 것보다 빠른 시간에 작업을 끝낼 수 있지만, 농약을 필요한 인근 지역까지 무분별하게 살포하여 비용이 낭비되고 토양이 오염되는 문제가 발생한다. 하지만 드론을 활용하면 필요한 지역에만 농약을 정확하게 살포할 수 있기 때문에 낭비를 줄이고 환경오염 문제도 최소화할 수 있다. 농업 선진국인 미국에서는 드론에 부착된 열화상 카메라로 농지면적당 최적의 질소비료 필요량을 계산해낸다. 또한 드론에 탑재된 사물 인터넷은 농장의 상황정보를 수집해 생산성을 극대화한다. 스마트팜의 시대가 열리는 것이다.

드론을 활용하면 각 분야에서 획기적인 결과를 이끌어낼 수 있다. 미래의 드론은 인공지능, 클라우드 등과의 결합으로 4차 산업혁명의 핵심 기술로서 더욱 발전이 가능할 것이다. 하지만 기술이 발전되는 만큼 관련 법규와 사회적 제도 마련도 필요하다. 드론은 지리적 한계 때문에 인간이 접근하기 어려운 장소를 날아다니며 렌즈에 모든 것들을 담아낼 수 있기 때문에 사생활 침해 문제가 우려된다. 드론의 사생활 침해 가능성은 어느 영상정보 처리기기보다 크다. 일반적인 영상정보 처리기기와 달리 드론은 사람의 시야가 미치지 않는 공중에서 촬영하기 때문에 잘 포착이 되지 않는다. 더구나 드론에 장착된 카메라와 녹음 기능은 더욱 정교해지고 있으며, 저렴한 보급형 드론이 시장에 확대되고 있다.

이제 누구나 마음만 먹으면 타인의 사생활을 촬영하고, 이를 불법적으로 악용할 수 있게 된다. 현행 개인정보보호법에서는 드론을 영상정보 처리기기로 분류하지 않는다. 개인정보보호법에서는 영상정보 처리기기를 '일정한 공간에 지속적으로 설치되어 사람 또는 사물의 영상 등을 촬영하거나 이를 유무선망을 통해 전송하는 장치'로 정의하고 있다.

결국, 드론처럼 움직이는 영상기기에는 개인정보보호법이 미치지 않는 법의 사각지대가 존재하는 셈이다. 제도가 기술의 발전 속도를 따라가지 못하는 것이다. 드론의 카메라와 위치정보를 직접적으로 규제할 수 있는 현행법은 아직 미비한 상태이다. 최근 드론 시장이 급격하게 성장하면서 산업육성을 위한 적극적인 정책 마련의 필요성이 높아지고 있지만, 이에 따르는 위험을 줄이기 위한 정책적 대안을 마련하는 것도 시급한 실정이다.

13

나노로봇이
인간의 병까지
수술한다고?

물질을 잘게 쪼개고 쪼개면 어디까지 작아질 수 있을까? 이 질문이 나노를 탄생시켰다. 모든 물질은 원자로 구성되어 있고, 원자는 다시 전자와 핵으로 쪼개진다. 핵 역시 더욱 잘게 나눌 수 있는데, 이를 쿼크라고 한다. 물질의 성질은 핵 주변의 전자 개수와 그 분포에 따라 결정된다.

물리적인 세계에서 보면 나노의 세계는 곧 원자의 세계이다. '나노Nano'라는 것은 아주, 아주 작다는 것을 의미한다. 1nm는 10억 분의 1m에 해당한다. 이는 머리카락 굵기의 10만 분의 1도 되지 않는 크기로 광학현미경을 이용하더라도 우리 눈으로는 직접 볼 수 없는 크기이다. 이 작고 작은 나노의 세계에서는 어떤 일이 벌어질까?

나노 기술의 핵심은 '크기' 그 자체가 아니라, 크기에 따라 본래의 것과 성질이 달라진다는 점에 있다. 같은 물체라도 크기가 나노미터로 작아지게 되면 물체의 구조와 성질은 원래의 것과 크게 달라진다. 예를 들어, 금은 일반적으로 황금색을 띠지만 20nm 이하가 되면 빨간색으로 변하게 되며, 그 크기가 조금만 변하여도 색깔이 변하게 된다. 입자가 작아질수록 표면적이 증가하기 때문에 반응속도 역시 빨라진다.

나노의 영역에서는 강도, 색깔, 화학적 특성, 전자적 특성이 원래의 것과 달라질 수 있다. 이러한 나노기술을 활용하여 개개의 분자, 원자 또는 분자군을 원하는 대로 옮기고 조합시켜 다양한 물성을 지닌 물질이나 소재, 장치를 만들어낼 수 있으므로 나노기술을 21세기의 연금술이라고 하는 것이다.

나노 기술의 응용 분야

전자, 통신

- 낮은 전력 소모, 적은 생산 비용으로 100만 배 이상의 성능을 갖는 나노 구조의 마이크로프로세서 소자
- 10배 이상의 대역폭과 높은 전달 속도를 갖는 통신 시스템
- 현재보다 용량은 크고 크기는 작은 대용량 정보 저장장치
- 대용량 정보를 수집 처리하는 집적화된 나노 센서 시스템
- 정보저장, 메모리반도체, 포켓사이즈 슈퍼 로봇

재료/제조

- 기계 가공하지 않고 정확한 모양을 갖는 나노 구조 금속 및 세

라믹

- 분자 단위에서 설계된 고강도의 소재, 고성능의 촉매
- 뛰어난 색감을 갖는 나노 입자를 이용한 인쇄
- 나노 크기를 측정할 수 있는 새로운 표준
- 절삭공구나 전기적, 화학적, 구조적 응용을 위한 나노코팅

의료

- 진단학과 치료학의 혁명을 가능케 하는 빠르고 효과적인 염기 서열 분석
- 원격진료 및 생체 이식 소자를 이용한 효과적이고 저렴한 보건 치료
- 나노 구조물을 통한 새로운 약물전달 시스템
- 내구성 및 생체 친화력 있는 인공기관
- 인체의 질병을 진단, 예방할 수 있는 나노센싱 시스템

생명공학

- 하이브리드 시스템의 합성 피부, 유전자 분석/조작
- 분자 공학으로 제작된 생화학적으로 분해할 수 있는 화학물질
- 동식물의 유전자 개선
- 동물에의 유전자와 약물 공급

- 나노 배열을 기반으로 한 분석기술을 이용한 DNA 분석

환경, 에너지

- 새로운 배터리, 청정연료의 광합성, 양자 태양전지
- 나노미터 크기의 다공질 촉매제
- 극미세 오염물질을 제거할 수 있는 다공질 물질
- 자동차산업에서 금속을 대체할 나노 입자 강화 폴리머
- 무기물질, 폴리머의 나노 입자를 이용한 내마모성, 친환경성 타이어

국방

- 무기체계의 변화 소형화, 고속, 장거리 이동 능력 향상
- 무인 원격무기 무인 잠수함, 무인 전투기, 원격센서 시스템
- 은폐 Stealth 무기

항공우주

- 저전력, 항방사능을 갖는 고성능 컴퓨터
- 마이크로 우주선을 위한 나노기기
- 나노 구조 센서, 나노 전자공학을 이용한 항공 전자공학
- 내열, 내마모성을 갖는 나노 코팅

나노기술은 분명 다양한 분야에서 응용될 수 있는 범용성 첨단기술이다. 특히 첨단기술 분야 중 정보통신산업[IT], 생명과학기술[BT]과 함께 가장 두드러지게 성장할 것으로 기대된다. 당신은 상상이 되는가? 바이러스처럼 우리 몸 내부를 돌아다니면서 암세포를 파괴하는 로봇을? 기존에는 암 발생 시 외과수술이나 화학요법, 방사선 요법을 도입해 항암치료를 하였다. 일반적 화학요법은 체내에 약물을 주입한 후 그것이 온몸에 퍼져 암 조직에 까지 전달되는 것을 기다리는 방식으로, 암 조직을 직접적으로 파괴하는 데 한계가 있다. 때문에 한 번에 많은 양의 약물을 투입하게 되고 그 과정에서 정상적인 조직까지 함께 손상되는 부작용이 발생한다.

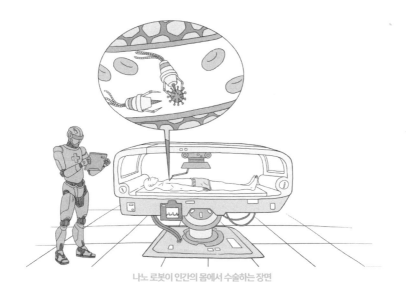

나노 로봇이 인간의 몸에서 수술하는 장면

이러한 암 치료법의 한계를 극복하기 위해 나노로봇을 활용한다. 나노로봇은 암 조직을 선택적으로 파괴할 수 있다. 나노기술이 발달하면 직접 메스를 들고 피부를 절개하는 외과수술 역시 사라질 공산이 크다. 스탠퍼드 의대 연구진은 나노 입자와 영상화 기법을 결합해 뇌종양 걸린 쥐의 종양을 효과적으로 제거하는 데 성공한 바가 있다.

하지만 최신 기술에는 문제점이 따르듯, 나노 기술에 대해서도 문제점이 제기되고 있다.

나노 기술의 부작용 중 하나는 나노 물질이 체내에 중금속처럼 쌓인다는 점이다. 몸 안에 들어온 나노 물질의 98%는 48시간 안에 배출되지만, 나머지 2%는 몸의 각 기관에 쌓이게 된다는 연구 결과도 있다. 나노 입자가 독성을 가질 경우 더욱 치명적인 결과를 가져올 수 있다. 나노 입자는 너무 작아 인체의 면역세포가 제거하지 못할 수도 있으며, 몸속 기관을 자유롭게 뚫고 지나다닐 수 있다. 만일 독성을 가지고 있는 나노 입자가 신경세포를 통해 뇌에 침투한다면 매우 치명적인 결과를 낳을 것이다. 엄청나게 미세한 크기로 설계된 나노 기술은 원래 크기로 된 물질과 그 특징이 전혀 다르게 나타나기 때문에 다른 각 분야에서도 예측할 수 있는 효과에 대한 안전성 검토가 필요한 실정이다.

에필로그

미래를 위한 한 걸음, AI 빅데이터 관련 자격증 준비하기

자격증을 따려는 목표 의식을 가진다면 좀 더 공부에 대한 열정이 올라올 것이다. AI 빅데이터 분야와 관련된 자격증이 꽤 있다. 물론 고시급으로 인정받는 자격증들은 아니지만 그래도 공부하면서 실력도 어느 정도 쌓을 수 있고 자격증이 생긴다면 이력서를 구성할 때에도 꽤 도움이 될 수 있다. 난도가 높은 것도 아니기에 누구나 도전해 볼 수 있다.

우선 기사 시험이 있다. 빅데이터 분석 기사 시험은 2020년 1회는 코로나의 여파로 미루어졌고 2021년 2회가 첫 시험이었다. 공학 자격증들 중에서 기사 시험은 가장 권위가 있는 시험이다. 따라서 빅데이터 분석 기사 자격증을 취득하면 취업 시에 꽤 도움을 얻을 수 있다. 아직 빅데이터 분석 기사 시험은 시행역사가 짧기 때문에 많은 정보가 없지만, 2021년 시행된 필기시험 문제들을 보면 데이터 분석 준전문가_{ADsP}보다 깊이 있는 내용이 나왔다. 머신러닝, 딥러닝 대표 알고리즘들의 특징 및 드롭아웃, 규제, K-fold cross-validation과 같은 모델 성능을 높이기 위한 테크닉에 대해서도 출제되었다.

따라서 현재 시중에 나와 있는 빅데이터 분석 기사 시험 대비 교재 한두 권만을 보아서는 커버가 어려울 것이다. 인공지능, 빅데이터에 대해 공부하고 시험을 보거나 최소한 ADsP, 사회조사분석사 2급 필기 공부 이후 기본 데이터마이닝 서적 1권, 기본 딥러닝 서적 1권 정도는 보고 시험을 보는 것을 추천한다. 실기시험은 Python과 R중 선택할 수 있다. 오픈북이 아니라 라이브러리, 함수 들을 미리 외우고 가야 한다. 오픈북이 아닌 만큼 실기시험은 간단한 듯하다. 시험 유형은 단답형, 데이터 처리, 데이터 모형 구축 및 평가로 나뉜다. 단답형은 그냥 주관식 단답형 문제이고 빅데이터 분석 관련 용어들을 알고 있느냐를 물어보는 정도이다.

데이터 처리는 데이터 전처리, 기초통계 등을 하는 부분인데 Python 기준으로 pandas, numpy만 다루어도 무난히 풀이가 가능하다. 데이터 모형 구축 및 평가는 간단한 회귀/분류 문제가 나오는 수준이다. SVM, gradient boosting, TREE 모형 등을 적당히 쓰면 된다. 물론 시험 시행이 초기 단계로 축적된 정보가 많지 않지만 아마 여기서 크게 벗어나진 않을 것이다. 이것보다 난도가 높아지면 합격자가 거의 나오지 않을 것이기 때문이다.

빅데이터 분석 기사 시험을 제외하고 공부해볼 만한 자격증들이 꽤 있다. 가장 대표적으로 데이터 분석 준전문가ADsP가 있다. ADsP는 준전문가 레벨이고 더 상위 레벨 시험인 데이터 분석 전문가ADP도 있지만 ADsP면 충분하다. ADP까지 합격하려면 지나치게 지엽적인 내용도 외워야 하고 R 코딩 실기시험도 통과해야 해서 R 코드 함수도 많이 외워가야 한다. 지엽적인 내용을 무조건 많이 안다고 AI 빅데이터 분석가라고 할 수 없고 R 함수는 굳이 하나하나 외울 필요 없이 실무 작업 시기억이 안 나면 구글 검색을 하면 되기에 ADP까지 공부할 이유는 없어 보인다.

또한 ADP 자격증을 따려면 시간도 오래 걸려 빠르게 공부를 해야 하는 독자 분들이 지칠 수도 있고 최근에는 데이터 분석 시 Python이 R보다 더 많이 쓰이고 있기에 R보다는 Python 공부에 좀 더 집중하는 게 바람직하다. 실기 시험에서는 Python, R 중에서 하나를 선택할 수 있지만 필기는 R만을 다루고 있다. ADsP는 한국데이터산업진흥원에서 시행하는 빅데이터 이론 자격시험이다. 총 50문항이고 60점만 넘으면 합격할 수 있기에 비전공자도 1~2개월만 열심히 공부하면 충분히 합격할 수 있다. 관련 전공자라면 3~5주 정도만 공부해도 충분할 것이다. 빅데이터가 무엇인지 간략한 설명이 나오고 빅데이터 분석 기법 관련 기본 내용이 나온다. 회귀 분석, 시계열 분석, 주성분 분석, 인공신경망 분석, 군집 분석, 연관 분석 등이 나오는데 학부 수준의 기본적인 내용이 대부분이다. 완전 기본이기에 무조건 알아야 하는 기법들이다.

따라서 자격증을 따면서 공부도 하는 일거양득이라는 심정으로 차분히 보면 될 것이다. 수학적인 내용은 거의 안 나오고 기본적인 R 코드만 몇 개 나오기에 어렵지 않게 공부할 수 있다. 과목은 '데이터 이해', '데이터 분석 기획', '데이터 분석'으로 총 3개로 나누어져 있다. '데이터 이해'와 '데이터 분석 기획' 파트는 빅데이터분석에 대한 전반적인 개론이므로 그냥 소설 읽듯이 쭉 읽으면 된다. 3번째 과목 '데이터 분석' 파트가 실무에서 쓰이는 데이터마이닝 기법들이므로 3과목을 집중적으로 공부하길 바란다.

합격 당락이 결정되는 곳도 3과목이 대부분이고 실무에서 가장 필요한 내용도 3과목이다. 1, 2과목은 소설 읽듯이 한번 쭉 읽고 기출 문제, 예상 문제를 풀면서 자주 눈에 익히면 시험볼 때 크게 문제되지 않을 것이다. 책은 《데이터 분석 전문가 가이드》한국데이터베이스진흥원, 《ADsP 데이터 분석 준전문가》데이터에듀 이렇게 2권만 보면 된다. '데이터 분석 전문가 가이드'는 시험 시행처에서 직접 출간한 이론서고 'ADsP 데이터 분석 준전문가'는 다량의 예상 문제가 있는 책이다. '데이터 분석 전문가 가이드' 이론서를 먼저 읽고 'ADsP 데이터 분석 준전문가'로 시험 문제 감각을 익히면 된다.

특히 '데이터 분석 전문가 가이드'는 ADsP 뿐만 아니라 ADP 시험 대비 겸용이라 목차를 보면 내용이 더 많다. ADsP 시험만 대비하려면 ADsP 과목만 목차에서 추려 읽어도 되지만 공부에 더 뜻이 있다면 '데이터 시각화' 부분도 읽어보길 바란다. 하나하나 외울 필요는 없고 이런 시각화 기법들이 있구나 한번 쭉 보면 된다. 시각화 방법으로는 막대 그래프, 점 그래프, 파이차트, 스캐터플롯, 버블차트, 히스토그램, 히트맵, 스타차트, 다차원 척도법 등 여러 방법이 있는데 각 방법이 어떠한 데이터 표현방식에 유용한지를 공부할 수 있다.

경영 빅데이터 분석사도 공부해볼 만하다. 특히 경영 빅데이터 분석사는 ADsP와 내용이 굉장히 많이 겹친다. 그래서 ADsP를 공부했다면 2주 정도만 공부해도 자격증을 취득할 수 있다. 경영 빅데이터 분석사는 1급과 2급으로 나뉘는데 2급만 공부하면 된다. 1급은 R 실기시험이 주요 당락을 결정하는데 R 시험 자격증을 따로 공부할 이유는 없다. 2급 내용은 대부분 ADsP와 겹치는데 2과목 경영과 빅데이터 활용은 ADsP에는 없는 재밌는 부분이다. 2과목에서는 마케팅, 생산 운영, 회계/재무/인적자원, 공공분야, 제조업 등 각 산업 부분별 빅데이터가 어떻게 활용될 수 있는지를 공부한다.

AI 빅데이터 전문가가 되어 실제 프로젝트에 착수 시 프로젝트 도메인이 어떤 산업 분야가 될지를 모르기 때문에 사전에 각 산업 도메인별로 빅데이터 분석을 어떻게 활용할 수 있을지 대략적으로는 알아야 한다. 물론 각 산업 도메인별 빅데이터 분석 방법이 상세하게 나오지는 않는다. 하지만 어떤 도메인에 어떤 분석 기법이 많이 쓰이고 실제 어떤 기업에서 적용해서 성공했는지에 대한 사례가 나오기에 입문자에게는 꽤 유용하다.

이러한 점에서 볼 때 이 자격증은 빅데이터 분석 초급자가 각 산업 섹터별 빅데이터 활용에 대한 지식을 쌓는 입문서로 꽤 적합하다. 관련 책은 2권만 공부하면 된다. 《경영 빅데이터 분석》광문각와 《NCS 기반 경영 빅데이터 분석사 2급 핵심 요약 및 출제 예상 문제집》와우패스을 보면 된다. 첫 번째 책으로 이론을 공부하고 두 번째 책에서 예상, 기출 문제를 풀어본 후 시험을 치루면 된다.

사회조사 분석사도 공부해볼 만하다. 실기까지는 공부할 필요 없고 필기만 공부하면 된다. 실기 시험은 SPSS 툴을 시험보는데 우리들은 Python, R등 프로그래밍 언어로 분석을 해야 하기에 SPSS를 공부할 이유는 없다. 사회조사 분석사도 1급과 2급으로 나뉜다. 2급 필기만 공부해도 충분하다. 물론 자격증까지 취득을 원하면 실기 시험도 통과해야 하지만 SPSS 공부를 할 동기가 없다면 실기 공부는 하지 않는 것을 추천한다. 필기를 공부할 때에도 시험 과목 초반 부분인 조사방법론 1은 사화과학적 연구방법론 및 설문지 작성에 관한 것이기 때문에 스킵하거나 가볍게 읽어도 좋다. 가볍게 읽는다면 2~3시간 정도 만에 빠르게 읽을 수 있다.

빅데이터 분석이 아닌 설문지 기반 스몰데이터 수집 방법에 관한 내용이 주를 이루기 때문에 비중을 크게 둘 필요는 없다. 조사방법론 2와 사회통계 부분이 꽤 도움이 된다. 조사방법론 2는 샘플링, 측정, 데이터 속성에 관해서 다룬다. 기초적이지만 데이터에 관한 가장 기본적인 내용이기에 빅데이터 공부 입문자들이 짚고 넘어가야 할 부분이다. 세 번째 과목인 사회통계 부분은 기초통계, 확률, 가설에 대해 다루고 마지막에 통계 분석을 다룬다. 분산 분석, 상관 분석, 회귀 분석 등을 다루는 데 데이터 마이닝 기법의 가장 기초적인 부분이라 꼭 알고 넘어가면 좋다.

여기서 다루는 통계 분석들은 AI 빅데이터 알고리즘 모델링을 할 때는 잘 쓰이지 않지만, 보고서를 작성해야 하는 프로젝트에서 꽤 쓰일 수 있다. 사회조사분석사 2급 필기 책은 시중에 워낙 많이 나와 있고 내용도 비슷하기에 적절히 한 권 선택해서 공부하면 된다. 참고로 필자는 《사회조사분석사 2급 필기 한 권으로 끝내기》시대고시기획 시대교육으로 공부했었다.

지금까지 소개한 자격증들은 동시에 공부하면 좋다. 겹치는 내용이 많기 때문에 동시에 공부하면 잊어버리지도 않고 공부 시간이 절약되어 자격증 취득까지 시간을 훨씬 단축할 수 있다. 합격 커트라인이 60~70점 정도로 낮은 편이기 때문에 열심히 공부한다면 자격증 취득까지는 어렵지 않을 것이다. 물론 이 책을 읽는 독자분들의 나이가 아직 십대이기에 다소 버거울 수도 있다.

학교 공부하는 가운데 함께 공부하기가 쉽지 않을 수 있다. 특히 사회조사 분석사 부분은 기본적인 수리 통계 내용도 포함되기에 고등학생 이전 나이의 학생들은 아마 이해하기가 쉽지 않을 것이다. 학교 공부하느라 바쁘고 시간을 내기 어렵다면 ADsP와 경영 빅데이터 분석사 관련 책 1권씩만 가볍게 읽도록 하자. 꼭 자격증을 따는 게 아니더라도 AI, 빅데이터에 대한 기본적인 이해를 할 수는 있을 것이다. 본격적인 공부는 대학교 진학 이후에 하면 되기 때문이다.

참고 문헌

김정섭, 이호상, 양인창2021, 《4차 산업혁명과 정보통신의 이해》, 한빛아카데미

김희용2021, 《4차 산업혁명 시대 주인으로 살기》, 책연

신성권2020, 《보통 사람들을 위한 창조성 수업》, 미래북

양순옥, 김성석2018, 《4차 산업혁명을 견인하는 다이버전스 기술 사물 인터넷》, 생능출판사

오니시 가나코 지음, 전지혜 옮김2019, 《가장 쉬운 AI 입문서》, 아티오

이윤영, 박지호2021, 《AI 시대, 우리 아이 교육은?》, 위키북스

이재박2020, 《괴물신입 인공지능》, MID

이지성2019, 《에이트 : 인공지능에게 대체되지 않는 나를 만드는 법》, 차이정원

임재성2021, 《십대, 4차 산업혁명을 이기는 능력》, 특별한서재

전승민2018, 《인공지능과 4차 산업혁명의 미래》, 팜파스

최진기2018, 《한 권으로 정리하는 4차 산업혁명》, 이지퍼블리싱

클라우스 슈밥 지음, 송경진 옮김2016, 《클라우스 슈밥의 제4차 산업혁명》, 새로운현재